✦必ず知っておきたい✦

インコのきもち

幸せな関係を築く58のポイント

増補
改訂版

鳥の保護団体「TSUBASA」代表 松本壮志 監修

Mates-Publishing

はじめに

インコはとても素敵な鳥です。

最近ではその素晴らしさが知れ渡り、人気が上がってきました。しかし、その飼い方を間違えてしまうと、インコとの暮らしに問題が生じてきます。

私は事情があって飼えなくなったインコを引き取り、理解ある里親さんを探す活動をサポートしています。どんな事情があって飼えなくなるかといいますと、大きく2つあります。

まず1つ目が「問題行動」です。

インコの問題行動は、「噛み付き」「無駄鳴き」そして、自分の羽根を抜く「毛引き」などのことです。

なぜインコが問題行動を起こすのでしょうか?

それはインコが「愛情にあふれている」からです。インコは飼い主のことを恋人あるいは伴侶と認識します。いつも一緒にいたい、もっと仲良くしたい、そう思う反面、満たされなければ、さみしさを感じたり、嫉妬したり、一人不安になったりします。それが問題行動につながっていきます。だからこそインコの気持ちを理解し、インコの気持ちに寄り添ってあげることが大切なのです。問題行動があって引き取ったインコたちは、正しいトレーニングで、とても良い子に戻ることができました。

飼い主が愛犬を連れて遊ばせる「ドッグラン」という施設があるように、インコたちを遊ばせる「バードラン」があります。私はここでたくさんの飼い主さん、そして、たくさんのインコを見てきました。

そこであることに気づきました。インコの言動は、飼い主さんの気持ちの裏返しであり、自分の鏡ではないかと思ったのです。おしゃべりが得意なインコは、飼い主の言葉遣いにそっくり似てきます。飼い主さんがうれしそうなら、インコもうれしそうです。

つまりインコと仲良くするヒントが、ここにあるのではないかと思います。

そして飼えなくなる2つ目の理由ですが、インコは長生きだということです。

約30gのセキセイインコですら、最近は20年前後長生きしています。ハトくらいの大きさのインコですと、40〜50年。100歳以上のインコも存在します。

つまりインコが長生きであることを承知の上で飼わないと、自分が年老いた時や、病気や海外転勤になった時、手放さなくてはならなくなるのです。でもそれはある意味、「インコを飼う」という認識ではなく、「家族と共に暮らし続ける」という視点に立てばいいことでしょう。

　インコの素晴らしさは、飼ってみないとわからないでしょう。そして、インコほど「愛にあふれている」素敵な生き物はいないと私は思っています。

　インコの飼い方に関する本は他書に譲るとして、この本は飼い方よりもインコの気持ちを中心に書かれています。

　もちろんインコではない私たちが、インコの気持ちを正確に書くことはできませんが、愛鳥家の皆様からいただいた素敵な写真から、インコの表情や感情を感じ取りながらお読みいただけたらとても楽しいのではないかと思います。

　皆様が末永く、素敵な愛鳥ライフが過ごせることを心から願っています。

　最後に、この本の制作にあたり、愛鳥家の皆様からたくさんの写真の提供などのご支援をいただきました。この場をお借りして厚く御礼申し上げます。

松本 壮志

本書は 2019 年 2 月発行の「必ず知っておきたいインコのきもち 幸せな関係を築く 50 のポイント」を元に内容を確認し加筆・修正をしたほか、項目の追加および再編集をし、書名・装丁を変更して発行しています。

目　次

必ず知っておきたい　インコのきもち
幸せな関係を築くために

1章　インコの気持ちと特性を理解

2章　こんな時どうする？ 困った時や問題行動

3章　トレーニングと遊び

　　鳴きまね／ワキワキ踊り／空中ブランコ

　　にらめっこ／いないいないバア／口笛を吹く

　　つな引き／一緒に応援／手ぬぐい合戦／追いかけっこ

　　テーマソングを歌う／手の中でねんね

4章　食事と健康

7

5章 インコと暮らす 事故を防ぐ・老いてきたら

覚えておいてほしい大切なこと

本書の使い方

押さえておきたいポイント
このテーマでまず押さえておきたいポイントを抽出しています。

このページのテーマ
インコを理解し幸せな関係を築くためのコツを53のテーマで解説。54〜58は覚えておいてほしい大切なことをまとめました。

写真
愛鳥家の皆様から届いたインコの写真をふんだんに掲載。
日頃、飼い主に見せている愛くるしい表情、イタズラをしているしぐさなど、インコと暮らす楽しい毎日をリアルに感じられる写真ばかりです。

---

17 「永遠の2歳児」といわれる理由

- 飼い主の気を引こうと、「やってはダメ」と注意されたことばど、やりたがるという。人間の子どものような心理があります。
- 飼い主をコントロールしたいと思っているインコのいいなりになるのはNG。甘やかさないようにしましょう

怒られることをわざわざする心理

よくインコは「永遠の2歳児」と表現されます。実際は、3〜5歳の幼児期の子どもによく似ているともいわれますから、かなりの知能が高いといえるでしょう。それだけに、ダメといわれることをして、飼い主の注目を浴びようとする心理があります。

「噛んじゃダメ」といわれたパソコンのコードをかじり続けたり、「そっちに行っちゃダメ」と連れ戻されると、また飛んで行ったり、聞き分けのない子どものように注意されたことを何度も繰り返します。「うちのインコは学習しなくて困っていて……」という悩みをよく聞きますが、実は叱られることを「学習」して、逆襲している場合が多いのです。

「多少のいたずらは許してね」

飼い主の気を引きたくて、学習する

インコは好きな飼い主がそばに来てくれるのもとても喜びます。それだけでなく、飼い主をコントロールしたいとも思っています。ですから、「この行動を繰り返すと、何度も飼い主が駆け寄ってきて、自分に注目してくれる！」と「学習」して、何度も繰り返すのです。また、この一連のやりとりを「遊び」の一つ

46

と認識して、楽しんでいる場合もあります。

そんないたずらもコミュニケーションの一つと大らかな気持ちで付き合う方のがいい影響を与えるものです。また、インコはなにか気に入らないことがあった時、感情をむき出しにして、鳴き荒れることがあります。そんな時に「どうしたの？」「うんうん」とダダをこねる子どもをあやす感覚で、不満や訴えを聞いてあげると落ち着いてきます。

「いつも、見ていてほしいな」

「時々ダダをこねるのは、かまってほしいんだよ」

💡 POINT
インコも嫌な体験はトラウマになる

人間と同じように、インコも幼い頃に経験した恐怖や苦痛がトラウマになり、行動が制限されたり、性格に影響が出たりします。例えば、粘着シートに羽をくっつけてしまい、羽をハサミで切るような経験をすると、人間の手が怖くなり、指を差し出したとたん強く噛むようになるというケースを耳にします。こんなトラウマには、インコが好きな食べ物を指で挟んで与えるなど、根気よく付き合ってください。

47

解説
テーマを掘り下げ、インコの心理や行動の意味、トレーニングの仕方などを解説しています。

コラム・ポイント・チェックリストなど
インコに関する豆知識やエピソードを盛り込んだコラム、接し方のコツ、健康管理のチェックリストなどを掲載しています。

代表的なインコの種類

セキセイインコ

特徴：オスの中にはおしゃべりを覚えるのが得意なインコもいます。いろいろ話しかけたくなりますが、しつこくされるのを嫌がる性質も持ち合わせていますから、遊んであげる時間と一人の時間を意識して作ってあげましょう。

コザクラインコ

特徴：安心感を覚える相手にはべったりと甘えてきます。嫉妬深い性格ですから、目の前でほかのインコと馴れ馴れしくしないほうがいいでしょう。

オカメインコ

特徴：温厚ですが臆病でもあり、ふい
に大きな物音などがするとパニックに
陥ったりします。道路に面した部屋よ
り、庭に面したような静かな部屋で飼
うのがいいでしょう。

キビタイボウシインコ

モモイロインコ

シロハラインコ

アカハラウロコインコ

サザナミインコ

ホオミドリアカオウロコインコ

ヨウム

マメルリハ

ボタンインコ

1章

インコの気持ちと
特性を理解

01 インコはとっても感情豊か

● どんな時にどんな表情や動作をしたか、日頃からよく観察しましょう。次第にインコの感情の機微がわかってくるようになります。

● 気持ちを込めて語りかけるようにしましょう。インコも人間の気持ちを理解し、反応するようになります。

甘えたり、うっとりしたり。時には嫉妬もする

鳥はとても感情豊かな生き物です。中でもインコは人に対して愛情をもち、よく懐きます。好きになった人に甘えたり、頭をなでてもらうと目を閉じ、うっとりとします。遊んであげるとはしゃぐように飛び回りますし、時には、飼い主の気を引こうと仮病をつかうこともあるなど、自分が置かれている状況を察知して行動する、知能の高い動物なのです。

「インコも喜んだり、悲しんだりするよ」

声と身振りから感情を読み取ろう

鳥の顔には筋肉がほとんどないため、犬や猫のように表情を浮かべることはできません。そのかわりに動作や声で感情を伝えてきます。おしゃべりが得意なインコが家族の言葉をまねておしゃべりし、歌を歌うのは、顔に表情が作ることができないからこそ、進化の過程で発達したコミュニケーション法だといわれています。

「頭カキカキされるの大好き。うっとりしちゃう」

人間と同じようにインコにも好みがあって、苦手な人、嫌いな人がはっきりしています。大好きな飼い主と一緒にいる時や、好きなおもちゃで遊んでいる時は、とても楽しそうですが、苦手な人が近づいてくると緊張したり、攻撃したりします。記憶力が高いため、嫌なことをされるとずっと覚えているところがあり、一度「この人は苦手」と思われるとなかなか変わりません。そうならないためにも、インコとのいい関係を築くためには、インコの感情を察知しながら接するのが大切です。

「たっぷり甘えさせてね」

Column

近年深まる、インコの心の研究

1990年頃から心理学者による鳥の研究がさかんになり、鳥たちに心があることは定説化しています。2010年には慶応義塾大学の渡辺茂教授の研究室から「ブンチョウはモネよりピカソが好き」というレポートが発表され、鳥の心にも好みやタイプがあるという説に説得力が増しました。一羽一羽にも違った好みがありますから、じっくり観察するとたくさんの気づきがあります。とりわけ、ものまねの得意なインコは、人間とも近い表現方法で気持ちを表したりします。そんな発見も、インコ飼いの楽しみの一つといえるでしょう。

02

インコと人間は対等な関係

● 家族一人ひとりの顔を覚えて、 人間関係まで理解するほど、 賢いところがあります。 それだけに関係づくりは慎重にしましょう。

● 嫌なことをされるとずっと覚えていますから、 関係をこじらせないよう、気をつけて接しましょう。

上からではなく同じ目線で接するようにしよう

犬は人間に服従して、ほめられることに幸せを感じます。猫は気ままで、放任されているのを好み、気が向けば猫なで声ですりよって甘えてきます。インコは、人間とは「対等」であり、よき理解者になってほしいと願っています。それだけに、上から目線の接し方をとても嫌います。とりわけ一羽飼いの

「仲間は、飼い主さんだよ」

インコにとって、群れの仲間は飼い主です。恋人だと思っている場合もあります。自分と行動や気持ちを共有する運命共同体なのです。飼い主とともに喜びを分かち合い、悲しみも共有し、ついにはヤキモチも焼いたりするのです。

わかり合う関係づくりが大切

インコは、飼い主は自分のことをなにより大切に思ってくれていると信じています。これは恋愛感情と似て非なるもので、好きな人以外は眼中にないだけでなく、恋仲を邪魔する敵だと思っている場合さえあります。なんでもいうことを聞き、わがままに育ててしまうと、飼い主を自分の思うようにしようという行動をとることもあります。あくまで関係は「対等」に、です。どっちが主人でもなく、お互いを思って、わかり合う関係をつくっていきましょう。

 **POINT**

インコとの関係づくりのキーワード

Keyword	1	▶ インコと人間は「対等」

Keyword	2	▶ 上から目線で命令するのはNG

Keyword	3	▶ 飼い主は自分の仲間、もしくは恋人

Keyword	4	▶ 行動や気持ちを共有することが幸せ

Keyword	5	▶ お互いをわかり合う関係でいたい

Keyword	6	▶ 飼い主にとっての一番になりたい

「いつも一緒にいたいんだ」

03

一度好きになると
トコトン好きに

- インコは、愛情の深い動物です。好きな飼い主に愛くるしいほどに接してきます。
- 愛情を注いでいても、全く別の人を好きになることもあります。すべてではありませんが、メスが男の人、オスが女の人を好きになる傾向があるようです。発情のサインを出すようになったら、抑制してあげてください。

インコと愛情を育もう

インコが人間を信頼するようになると、もはや家族の一員となります。朝起きると「オハヨウ！」、出かける時には、「早く帰ってきてね」とパタパタラブコール。帰ってくると「お帰り！」とうれしそうに出迎え、遅い時には「待ちくたびれた〜」といつもより騒ぎ出すインコもいます。中には、飼い主が帰ってくるまで夕飯を取らないインコもいるほどです。

「具合悪いの？じゃあ今日は遊べないか！」

できるだけ明るい話をしてあげよう

インコの元気な姿を見るだけで、一日の疲れが癒されるという愛鳥家は、少なくありません。帰宅するとインコに向かって、一日の出来事をあれこれ聞いてもらうという飼い主も多く、ある時は子どもであり、ある時は恋人なんていう関係が出来上がっていきます。それだけに元気のなくなるような話をし続けると、インコもしょげてしまいます。できるだけ明るい話をしてあげましょう。

メスは男性を、オスは女性を好きになりやすい

インコの難しいところは、せっせとお世話をして愛情をかけていても、インコに全く無関心な人を好きになることが多々あることです。性別を判断して、メスは男の人を、オスは女の人を好きになる傾向があります。恋愛感情が高まり過ぎると、メスのインコは発情して卵を産むこともありますし、オスは、飼い主の指にすり寄って交尾しようとします。この場合は、「インコが発情している時」(P114)を参考に、抑制してあげてください。

「どうしたらふりむいてくれるの？」

 POINT

インコと暮らす心構え

インコを飼う時には、「インコを育てる」というより、「家族の一員としてインコを迎える」という気持ちが大切です。
それくらいインコは生活の中に溶け込む愛鳥です。

「こうしていられる時間が一番好き」

04 どうして人の気持ちが わかるの？

- インコは、飼い主の喜怒哀楽を敏感に感じています。たくさんの喜びを共有できると、インコは幸せを感じてくれます。
- 心を込めて接しましょう。そうすると、インコは人間の感情を敏感に感じ取り、インコからも愛情が返ってきます。

飼い主のちょっとした表情から感情を読み取る

　インコは飼い主をずっと観察しているものです。「今日は、いっぱい話をしてくれた」「いつもより声が暗かったな」「今日はいいことがあったみたい」など、声の調子やしぐさ、表情、雰囲気、話しかけられる言葉の多い、少ないを理解し、飼い主の変化を読み取っています。そういった情報がたくさん蓄積されればその分、飼い主の感情も高度に読み取れるようになり、より深いコミュニケーションがとれるようになります。

　例えば、人はうれしいことがあると声のトーンが高くなり、醸し出す雰囲気もいつもより明るくなります。そんな飼い主の姿にインコは敏感に反応します。さらには「うれしそうにしている時には、いっぱい可愛がってくれる」と認識するようになれば、飼い主のご機嫌がいい時＝いいことが起こる時と学習し、インコもはしゃいだりします。一方、悩みを抱えていたり、具合を悪くしている時には、しょげてみせたりと、飼い主や家族の喜怒哀楽がインコに大きく影響します。

「あなたがうれしそうだと幸せだなあ」

心を込めて接することがよい関係づくりの基本

いうまでもなく、すべてのインコが同じように能力を発揮するわけではありません。それぞれに個性があって、中には人の気分を読み取っても、あえて表現しないインコもいます。インコの心を開かせ、上手に付き合うには、人間がまず気持ちを込めて接することです。こちらの感情を察してくれるようになれば、インコもさまざまな表現で気持ちを返してくれるようになります。ここに、インコと暮らす大きな喜びがあります。

「ご機嫌いかが？今日は遊んでくれるかな」

落ち込んでいる時に、ちょんちょんちょんと近寄ってきて、「どうしたの？」と顔をのぞき込んでくれたりした時の喜びはなにものにもかえがたく、元気づけられたりするものです。

POINT

飼い主の気持ちがインコに大きく影響することを知ろう！

「元気がないね。悩みがあったら話してね」

●よい循環●

飼い主のご機嫌がいい
▼
インコもうれしい

●悪い循環●

飼い主が悩みをもっている、具合が悪い
▼
インコも元気がなくなる、飼い主を気にする

05

一羽一羽に個性がある

● 一羽として同じ性格のインコはいません。 好きなおもちゃも、 遊び方も違います。 それぞれの個性を理解して、 接してあげましょう。

● 「こんな鳥に育てたい」 と思いがちですが、 まずはそのインコの個性を理解することから始めましょう。

まずは、 そのインコの性格を理解しよう

インコは、種類によって性質が違います。例えば、オカメインコは臆病でおっとりしているといわれます。もちろん、それは全体論で一羽一羽に個性があります。複数羽飼ってみるとそれは一目瞭然、それぞれの性格が見てとれます。強がり、かなり神経質、好奇心旺盛、甘えん坊など、全く人間社会を見るようです。好きな遊びやおもちゃも全く違い、放鳥した時の過ごし方もそれぞれです。インコを迎えた時、「こんなふうに遊びたい」「こんな鳥になってほしい」と望んでしまいがちですが、まずはそのインコの性格を理解して、接してあげることが大切です。特に、孤独への耐性がどれくらいなのかを把握して、ケアするよう心掛けると、ストレスによる病気や問題行動を未然に防げます。

性格も好きな遊びもこんなに違う個性あふれるインコたち

葵ちゃん
（コミドリコンゴウインコ）

● **性格**：ヤキモチ焼きで、甘えん坊

● **好きな遊び**：飼い主と一緒に歌ったり、踊ったりするのが好き。部屋用止まり木に乗り、ヨーイドン！で飼い主に持って走ってもらい、羽ばたいて飛んだ気になる遊びがお気に入り。

テンテンちゃん（サザナミインコ）

●**性格**：基本的におっとり、遊ぶ時は全力

●**好きな遊び**：青いマグカップが好きで、飼い主が持つと「ギャアアッ」と叫んで飛びついてくる。一度、テーブルの端まで離れて待機し、再びマグカップを持ち上げると「ギャアアッ」と突進してくる。この繰り返しが好き。

うららちゃん
（オカメインコ）

●**性格**：なでなでしてくれる人なら誰とでも仲良しになる。どっしり構えている性格

●**好きな遊び**：おはじきを鏡の前に並べること。

あ坊（ヨウム）

●**性格**：底なしの甘えん坊。自分が一番でないとイヤ。ガキ大将

●**好きな遊び**：人間のすることをなんでもやりたがる。破壊行為や物を放り投げるのも大好き。マグカップ、タッパ容器、ジップロックなど片っ端から投げては拾って、投げては追いかけ、投げてはつついて遊ぶ。

うっとりちゃん（オカメインコ）

●**性格**：強がりでワガママ、甘えん坊

●**好きな遊び**：人のまね。くしゃみをまねしたり、飲み物を飲んだあとの「ゴク、ハァ〜」の「ハァ〜」の部分をまねするのが得意。

バトラちゃん（ホオミドリアカオウロコインコ）

●**性格**：なんでも「見てみたい！行ってみたい！」と好奇心旺盛なのに、少々小心者

●**好きな遊び**：放鳥タイムはビンや缶に夢中になる。ラベルをはがしたり、くわえて左右に振って踊って遊ぶ。

06

記憶力もバツグン

● 人を識別して、記憶する能力が高く、接してくる人間の顔や声を覚えます。

● おしゃべりが得意なインコは、家族の会話も記憶してしまいます。人がよく反応する悪い言葉ほど覚えやすい傾向があるため、インコの前で口にするのは控えたほうがいいでしょう。

飼い主を一度覚えたら、忘れない

　インコは、三日一緒に暮らすと飼い主を忘れないといわれています。実際、飼い主と離ればなれになってしまったインコと数年後に再会したところ、ちゃんと覚えていたという話もあります。そんな記憶力のよさも人間をトリコにしてしまうインコの魅力の一つといえるでしょう。インコは、人間と同じように視覚と聴覚をたよりにして人を識別し、見た目と声とで判断するほどの知力があることが知られるためです。家族一人ひとりの顔や体形、声などを脳に蓄積してちゃんと見分けているのです。単なる見た目だけでなく、しぐさや話し方、周囲との人間関係まで把握するといいますから、驚くべき能力ですね。しかし、その記憶力が人間との関係にヒビを入れてしまう場合もあります。大型インコのヨウムは、とても記憶力がいいため、人間にされた嫌なことを2〜3年は覚えていて、嫌だという態度を取り続けることがあります。そんなインコの性質を念頭に上手にお付き合いしてください。

「あなたのこと、いつも見ているよ」

悪い言葉ほど覚えやすいので控えよう

　音を聞き分け、正確に記憶する能力は人間より高いといわれています。個体により、得手不得手はありますが、おおむねセキセイインコのオスはおしゃべりが得意です。人の会話のワンフレーズを覚えたり、流れている曲の歌詞を覚えて歌うこともあります。言葉だ

けでなく、かぜをひいて咳き込んでいる「コンコン」という音や仏壇の「チーン」という音までまねするので、愛らしさいっぱいです。もっと高度な例になると、家族が呼び合う名前を覚え、名指しで話しかけるという例もあります。また、子どもが喜ぶような悪い言葉も「しゃべると反応がいい」と学習して、よく口に出すようになってしまいます。インコの前で口にするのは、気を付けたいところです。

Column

インコのおしゃべりに要注意？！

インコのおしゃべりで思わぬ秘密がばれてしまったというエピソードを紹介しましょう。ご主人が長い出張から帰ってきたら「やっぱり温泉いいわね〜」とインコがしゃべって、留守中に家族が一泊旅行に出かけていたのがばれた話や、ご主人が浮気相手と電話で話している内容をしゃべりだしたなんてびっくりな話もあります。インコの前ではうっかりしたことは話せないと思うより、そんなことのない楽しい家庭をつくる、楽しい雰囲気にしてくれる存在と考えたほうがほほえましいですよね。

インコが好きなこと

- 人に馴れているインコのほとんどは、人と触れ合うことが大好き。たくさん話しかけて、スキンシップしてあげましょう。
- 遊ぶこと、かじること、壊すことなど、本能を満たすことも大好きです。

たくさん触れ合いをもとう

人が好きなインコにとって、なによりうれしいのは人と触れ合うことです。名前を呼んでもらったり、鳴いたら返事をしてもらったり、遊んでもらったり、人と心を通わせ、スキンシップをしてもらうことに満足感を覚えるのです。逆にかまってもらわないとさみしさから不満を募らせたり、不安になったり、嫉妬したりもします。

「触れ合えるとうれしいな」

身の回りのものを遊び道具に

インコは賢い鳥ですから、あえておもちゃを与えなくとも、身の回りのものをなんでも遊び道具にしてしまいます。中でもキラキラと光るものが好きで、飼い主が身につけているアクセサリーにちょっかいを出したりします。ですから、肩に乗っている時にはピアスに気をつけてください。できれば、ケガのないように外しておきたいところです。狭いところも大好きで、たんすの隙間やたなの下、パソコンの裏など、ちょっと姿が見えないなと思ったら、そんなところに入り込んで遊んでいるということが多いようです。

「ここには誰も入ってこないでね」

かじり癖は大目にみてあげよう

　困るのは、なんでもかじってしまうことです。電気のコード、コルク、新聞、本など、身体に危害を与えるものをかじったり、大事なものを台無しにしたりします。また、中には、爪やかさぶたなど、人間の皮膚をかじるのが好きなインコもいて、飼い主を困らせるケースもあります。かじられて困るものは、出しておかない、梱包材でくるんでガードしておくなど、飼い主側の対処で対応しましょう。

　つついたりかじったりする力は決してあなどれません。あるヨウムは、手作りのおもちゃを作ったそばからつついて、なかなか出来上がらないとため息をもらす飼い主もいます。しかし、これも鳥の本能ですから、大目にみてあげましょう。

「なんでもかじっちゃうけど、怒らないでね」

 POINT

インコが好きなこと

・名前を呼んでもらう　　　　・遊んでもらう

・なでてもらう　　　　　　　・かじること

・見えるところにいてもらう　・壊すこと

08 インコにとって怖いもの・嫌いなこと

● 見たことがないもの、大きな音や聞いたことがない音、突然の揺れなどに遭遇すると、びっくりしてしまいます。また、騒々しいところも苦手です。おおらかな気分になれるところで飼うようにしましょう。

● 体験的に嫌いになったことでも、学習を通して、克服することもあります。

大きな音は立てないように注意しよう

　インコは、臆病な動物です。これは本能ともいえるもので、ちょっとした異変に敏感に反応し、条件反射のように飛び立とうとして、ケージの中で傷ついたりします。皿やグラスを落として割れる音や大きな地震、叫び声など、どれもインコにとっては心臓が止まるほどびっくりすることです。また、自分よりも大きな動物も怖いと思っています。カラスやとんびはもちろん、犬や猫、人間も慣れる前は怖いものに数えられます。それでも、高い学習能力がありますから、「この人は怖くない。安心できる」とわかれば懐いてくれますし、性格にもよりますが同居している犬や猫と仲良くしているケースもみられます。

「水浴びしてるんだから、びっくりさせないで！」

嫌な体験が、苦手意識をつくる

驚いたり怖いと思うことは、本能によるものだけではありません。思いもしない経験が刷り込まれることが多いようです。例えば、車に乗せられて出かけるのは病院というのがパターンになると、痛い思いをする場所というのを学習し、車に乗せているだけで嫌がるようになります。一方、車に乗る時はお散歩というのを学習すれば、車に乗ったとたんワクワクした様子を見せることもあります。ですから、車

「うわっ！驚いた！」

でお散歩の時はそれがわかるよう、合図を決めて話しかけ、病院にいく頻度の何倍も経験させてあげましょう。すると、インコも安心して車に乗るようになります。同様にほかの苦手なことも、いいことが起こる体験を積み重ねることで、だんだんと克服できるようになるものです。

 POINT

インコが怖いもの・嫌いなこと

- 見たことがないもの
- 大きな音
- 聞いたことがない音
- 突然のゆれ
- 自分より大きな生き物
- カラスやとんびの姿、鳴き声

「君は誰？仲良くしてくれるよね」

09

インコにも反抗期がある

● インコが反抗期の時には、攻撃的になったり、反発してきます。時期がくれば終わるので、大きな気持ちで見守ってあげましょう。

● 反抗期のあとにくる性成熟期には、発情行動がみられます。あまり刺激しない接し方を心がけましょう。

人間と同じように、反抗期がある

　インコは外見上、年齢を感じさせることはありませんが、ヒナ〜若鳥〜成鳥〜老鳥時代とそれぞれに精神状態が変化し、ものの感じ方やリアクションが違ってきます。例えば、人間と同じように反抗期があり、特にこの時期は、攻撃的になったり、素直でない行動がみられます。

　「やさしい子だったのに、ある日を境に、急に噛むようになった」というのもそうした年齢による変化かもしれません。インコがどういう成長・発達過程にあるのか知っておきましょう。

インコの反抗期は二段階

第一反抗期

　「自我の芽生え」の時期。すべて親鳥に依存していたヒナが食餌を自分で食べられるようになると、親鳥の与える食餌を拒否するようになります。そんな反抗的な態度を人間に対しても行いますが、それも成長の証しです。

第二反抗期

　「思春期」にあたる時期です。ホルモンが活発に出て、生殖能力が発達し、性的な成熟を迎え

「なんだか、むしゃくしゃ。思春期だから？」

る時です。この時期は、心と体のバランスが崩れがちです。親鳥や飼い主から独立したい、干渉されたくないという気持ちが芽生える一方、甘えていたい、依存していたいという相対する気持ちが生まれ、反抗的になったりします。思春期は成長の一過程です。温かい気持ちで受け入れてあげましょう。

性成熟期

　反抗期が過ぎると今度は、発情して抑制のきかない行動がみられるようになります。発情したインコは、パートナーやなわばりを守ろうと、攻撃的になったり、不思議な行動をとります。飼い主をパートナーとして捉えているインコは、発情の対象も飼い主ということになり、頻繁に「お誘い行動」をとります。

代表的な「お誘い行動」

吐き戻し………食べたものを吐いて相手に与えようとする行動です。その時の鳴き声はいつもと違い、もの悲しいものに聞こえます。

体のすり寄せ…交尾をしようと、オスは飼い主の手にお尻をこすりつけ、メスは尾羽を上げたりします。

巣作り行動……コザクラインコの場合、紙を細長く切って翼に挟み、巣に持ち込みます。また、小さな箱に入ると、巣だと勘違いし、発情することもあります。

　これらの行動がみられるインコを刺激しないようにしましょう。「インコが発情している時」（P114）を参照して接してあげてください。

「あんまり干渉しないでね！」

10

おしゃべりには得意、
不得意がある

● リラックスできるところで、飼い主と1対1で何度も言葉を繰り返して聞かせてみましょう。一度話しだすと、どんどん話しだします。

● おしゃべりが苦手なインコもいますから、無理強いせず、気長に様子をみてみましょう。

個体によって、差がある

インコを飼ったなら、おしゃべりや歌を覚えさせたいと思う人はたくさんいます。中でも、セキセイインコのオスには言葉を覚えるのが得意な鳥が多く、訓練しだいで上手に言葉をあやつるようになります。ただし、中にはいくら教えてもしゃべらないインコもいます。その時は、それも個性と諦めるしかありません。そこで無理強いしては、お互いの関係がぎくしゃくしてしまいます。

「おしゃべりが、好きな子も嫌いな子もいるよ」

何度も繰り返すのがコツ

セキセイインコの場合、一般的には生後6ヶ月前後からしゃべり始めるといわれます。飼われている環境、教える人の態度などによって、しゃべり始める時期には大きな差が出てきます。できるだけインコがリラックスできる場所で、飼い主と1対1で教えましょう。テレビやラジオなどは、消しておきます。静かな環境で何度も繰り返し教えるのがポイントです。

まずは、名前を覚えさせるところから始めます。何度も名前を呼んでみてく

ださい。もちろん、インコは耳を傾けるような仕草を見せるはずです。そんな兆候があればしめたものです。ただし、ここで慌ててはいけません。ここは、じっくり構え、訓練しましょう。

トーンの高い声のほうが覚えやすい

1回1語、それだけを繰り返して教えるのが効果的です。朝、起きた時、水を替えてあげる時、エサを与える時、ケージから出してあげる時など、ことあるごとに名前を呼ぶようにしましょう。

訓練するのは、一番声のトーンの高い、一番懐いている人がいいでしょう。子どもか女性が教えると、声のトーンが高くてよく覚えるようです。初めておしゃべりした時は、ほめて、おやつを与え、「話すといいことがある！」ことを覚えさせましょう。

「話したいことはいつもたくさんあるんだけど…」

一度しゃべり出すと、どんどん話す

一言しゃべれるようになると、それをきっかけに、どんどんとしゃべり始めるものです。名前の次は、"オハヨウ""コンニチハ""オヤスミ"などを1回1語ずつ教えていきましょう。話すのが好きになると、聞いた言葉を勝手に覚えていきます。特に、セキセイインコの場合、長い文章をしゃべるのが得意で、家族の会話やテレビドラマのセリフを覚えたり、童謡をまるまる一曲歌えるようになるケースもあります。ただし、インコには個体差がありますから、すべてのインコがおしゃべりできるわけではありません。

「どうしたの？元気だして」

11 一度壊れた信頼関係は なかなか戻らない

● インコが急に噛みつくようになったり、攻撃的になったら、自分がどんな 行動をとった後にそうなったか、振り返ってみましょう。

● 信頼関係の回復には時間がかかりますが、じっくりと構えて、少しずつ 距離を縮めましょう。

突然、攻撃的になったら

　ある日を境に攻撃的になり、手に噛みついたり、時には肩に止まって頭や 顔をつつくようになったという話はよく聞きます。こんなケースに陥ると、イン コとの関係を修復するのは一筋縄ではいきません。これを解決するには、い つからそんな態度をとるようになったのか思い起こすことがポイントになりま す。よくあるケースとしては、ケージの中で退屈する毎日を送ったというのも ありますし、発情が原因になっていることもあります。対処法としては、ケー ジにおもちゃを入れる、また、高カロリーな食べ物を与え過ぎると発情が頻繁 になりますから控えるなどがありま す。いうまでもなく、しばらく遊ん でいない、新入りインコばかりをか まっていた、ましてやイライラをイン コにぶつけていたなどはもってのほ かです。インコは心を癒してくれる ものと心得て、やさしく接するよう にしてください。

　また、見知らぬ来客に驚かされ た、いじめられたなど、インコに とって思わぬ出来事が心身を傷つけ るということも覚えておいてください。

「たまには、怒っちゃうよ！」

信頼を回復するには

　「時間がたてば、いずれ元に戻るだろう」とはなりません。とりわけ、身体的なダメージより、「信頼していたのに裏切られた」という心のダメージのほうが大きいといわれています。人間と同じで心の傷は簡単に癒されるものではありません。飼い主はいつでも守ってくれる信頼のおける存在でなければなりません。壊れた信頼関係をそのまま放置していると、そのままの関係が定着してしまいますから、早めの対処が必要です。

「嫌なことがあると、噛んじゃうこともあるからね！」

仲直りはじっくり時間をかけて

　仲直りするのも人間と同じです。近道はありません。ここは時間をかけて、じっくりという姿勢で、ひたすら誠意を尽くすしかありません。例えば、遠くから眺めて目が合ったらニッコリと微笑む、ケージの近くで静かに読書をしたり、手芸をするなど、とりたててかまうそぶりを見せず、そばにいる存在であることを知らしめます。インコが鳴いたら、鳴きまねをするのも効果的です。関係がこじれた時には、鳥がケージに引きこもり、中がテリトリーになっていますから、少し関係が回復してきたら、ケージの扉を開けっ放しにして出てくるか反応を見るなど、根気よく様子をうかがいましょう。

　もし自分で出てくるようなら、信頼感が取り戻せつつある証拠です。手に乗ってくれるまでに関係が回復したら、「トレーニングの基本」(P76〜79)の「手乗り」から練習し、「4つの指示」の再トレーニングをしてみましょう。それも触れ合いの時間となり、元の仲の良い関係を取り戻す絶好のチャンスとなります。

12 インコがストレスを感じること

● 本能を満足させる行動はストレス発散になります。 噛む、壊す、遊ぶなど、 思う存分できる環境を与えてあげましょう。

● 人との触れ合いが減ることもストレスになります。 そんな時はたくさん話しかけて、 かまってあげましょう。

野生の本能が鈍るとストレスに

　食餌も十分に与えられ、雨風にさらされることもなければ外敵もいないケージの中はまさに天国。そう思うのは人間の勝手な思い込みでしかありません。たとえ食べ物を探すのに苦労しても、本能をむき出しにして飛び回れる外界は自由そのもので、ケージのようなストレスはありません。のんきに暮らして生きていける環境では、刺激もなく、野生の本能を鈍らせ、ストレスを生じさせます。それを回避させるのが遊びです。ケージの中に太い木や細い木を渡すだけでもずいぶん喜びますし、おもちゃをぶら下げたり、噛んで壊せるワラや紙のおもちゃでストレスを解消します。また、おやつを紙に包んで与えると開けて食べることに喜びを感じ、ストレス解消に効果的です。開け方をちょっと難しくしておくと、失敗した時に「次はもっとうまく取ろう」とインコは工夫し、一生懸命になり、取れた喜びを倍増させます。

「チラシで遊ぶと夢中になっちゃう」

環境におけるストレス

　インコのストレスの原因には、ガラス越しにカラスが見える、電気がついている時間が長い、ケージが揺れる、突然聞いたことのない音がする、タバコのにおいがする、見たことがない人間が家族に加わった、飼い主の生活時間帯が変わったなどがあります。また、病気やケガもインコにとっては大きなストレスになります。

人間との関係の中でのストレス

　飼い主との触れ合いが少ない、後から来たインコが可愛がられる、飼い主がイライラしている、人に馴れず人間が怖いなど、人間との付き合いの中にもストレスを感じます。人に馴れやすいインコとはいえ、中には触られるのがストレスになるインコもいて、触れられるのが嫌な場所はインコの個性によって大きく違います。「顔を触られるのだけはイヤ」とか、「なでられるのは好きでも、やり方や場所が違うと怒る」など、インコと触れ合ってみて初めてわかるものです。様子を観察しながら確かめておきましょう。

「嫌なことはみんな違うから、理解してね」

Column

ストレスが原因で問題行動に

ストレスが溜まり過ぎると、大きな声で鳴き続ける、自分で自分の羽毛を抜いてしまう、自分の肉を噛んで傷つける、人の手や家具などを噛むなど、問題行動を起こすようになります。そんな時には、インコの気持ちが満たされるように、かまってあげたり、おもちゃを与えるなどしてあげましょう。

体と心の成長の関係

● 体の成長とともに心も発達すると、同じ出来事に遭遇してもリアクションが変わったり、感じ方が違ってきます。

● 人間に例えると何歳くらいか知っておくと、しぐさや行動の理由が見えてきます。

1 誕生から生後20日まで
人間なら…新生児

生後20日まで

●身体
孵化したばかり。自分でなにもできない。

●心の状態
完全に親鳥に依存状態。感情はまだない。

2 ヒ ナ
人間なら…乳児

小型インコ：生後20日〜35日
中型インコ：生後20日〜50日

●身体
しだいに一人で食べるようになる時期。

●心の状態
感情が生まれ、飼い主を親のように慕う。

5 成鳥・性成熟前期
人間なら…13歳〜18歳の第二反抗期

小型インコ：生後8ヶ月〜10ヶ月
中型インコ：生後10ヶ月〜1歳半

●身体
性成熟し、繁殖できるようになる。

●心の状態
第二反抗期。心身がアンバランスで反抗することもある。

6 完成鳥・性成熟完成期
人間なら…18歳〜35歳の成年時代

小型インコ：生後10ヶ月〜4歳
中型インコ：1歳半〜6歳

●身体
繁殖行動をする時期。

●心の状態
パートナーとつがいになる時期。感情のもつれによる問題行動も多くなる。

インコの成長過程における心の発達は、自我・個性が形成される時期、社会性を学ぶ時期、反抗期、さらには成熟期と、人間がたどる過程とそう変わりはありません。インコの気持ちを想像するための参考になりますから、頭に入れておくといいでしょう。

3 幼鳥
人間なら…幼児〜8歳の第一反抗期

小型インコ：生後35日〜5ヶ月
中型インコ：生後50日〜6ヶ月

● **身体**
自分で食べるようになり、換羽を迎える。

● **心の状態**
第一反抗期。飼い主を親と思うことからパートナーと認識を変える。

4 若鳥
人間なら…8歳〜13歳のワンパク盛り

小型インコ：生後5ヶ月〜8ヶ月
中型インコ：生後6ヶ月〜10ヶ月

● **身体**
ヒナ羽から成長羽へと替わる換羽期。

● **心の状態**
社会性を身につけ、我慢を覚える時。

7 安定鳥
人間なら…35歳〜50歳の中年時代

小型インコ：4歳〜8歳
中型インコ：6歳〜10歳

● **身体**
安定期。

● **心の状態**
安定しているだけに、退屈になりやすく問題行動を起こす時期。

8 老年
人間なら…50歳〜高齢期以降

小型インコ：8歳以降（寿命目安10歳〜15歳）
中型インコ：10歳以降（寿命目安15歳〜20歳）

● **身体**
成熟期。

● **心の状態**
穏やかに暮らすのを好む状態。新しいことに興味が向きにくい。

最近では老年と呼ばれる8歳以上の小型インコ、10歳以上の中型インコが産卵するケースも多々あります。年齢はあくまでも目安で、インコのよって個体差があります。

14

ケージの外は怖い？
それとも快適？

- ケージから出たがらないインコに無理強いはいけません。時を経るとしだいに、外の世界に興味を示すようになります。そんな日が来るのを楽しみに気長に見守りましょう。

- 外の世界が好きになると、今度はケージに戻りたがらないインコもいます。そんな時は、食事はケージの中だけという作戦が効果的です。

外の世界の楽しさを少しずつ体験させよう

　ケージの中でずっと飼われてきたインコは、ケージの外に出るのを怖がることがあります。出てきてくれなければ、一緒に遊ぶことも、スキンシップすることもできませんが、定期的にケージを開けてあげるなどしていると、なにかの拍子に自ら出てきたりするものです。ここは根気よく待つしかありません。

ケージを離れ、外の世界に踏み出し、思い切り羽を広げて飛ぶ気持ちよさを感じて、いっぺんに外の世界が好きになってくれればしめたもの。そこでお気に入りの場所を見つけてかじったり、ついには壊したりするのは格好のストレス発散になります。もちろん大事なものをかじったと怒ってはいけません。あらかじめ、かじっていいものを置いておき、大事なものはしまっておきましょう。

「外の世界も楽しそう…」

ケージに自分で戻るようにする方法

　ケージの外の楽しさがわかるようになると、今度はケージに戻ってくれないという悩みが出てきます。無理やり捕まえて、ケージに戻そうとすると、人の手を怖がるようになることもありますから、そんな時は、遊び疲れるのを待つ

しかありません。いくら外が好きでも、お腹が空けば食餌のあるケージに自分から戻っていくものです。時間を決めて開け閉めするのを習慣化すると、たいていのインコはおとなしく時間になるとケージに戻るようになります。

　ここで気をつけなければならないのは、あまりに長時間部屋に放していると、部屋全体が自分のテリトリーで、ケージは発情を促す巣箱でしかなくなってしまうことです。それを避けるには、外に出す時間をしっかり決めることが大切です。

「たくさん遊んだから、お腹ぺこぺこだよ」

 POINT

放鳥する時に気をつけたいこと

● 部屋に鳥を放す時には、家事をしながら、仕事をしながらなど"ながら"は厳禁です。いつもインコに気を配っていられる時だけにしましょう。

● 窓やドアが開いていないか必ず確認し、「ピー子をこれから出すよ〜」など、家族に知らせながらケージの扉を開けましょう。窓が開いていて屋外に飛んでいってしまったというアクシデントのほか、インコがケージの外に出ていることに気づかずにいた人が、踏んづけてしまうという事故が多いのも事実です。

● ケージの置き場所は、家族が集まるリビングが一番です。人気のない廊下や玄関に置くのは、さみしがるのでやめてください。

● ガラス窓に激突することがあるので、レースのカーテンなどをかけておきましょう。

15

まねをしたがる理由

● 飼い主とは行動や気持ちを共有したいと思っています。それが、インコの安心感につながります。

● ほかのインコがほめられた行動もまねしたがりますから、よいことをしたら、どんどんほめてあげましょう。

ものまねは、仲間意識の裏返し

インコはまねをするのが大好きです。人が食事を始めると食べ始めたり、しゃべっている言葉をまねたりします。複数のインコを飼っている場合には、一羽が水浴びを始めると、ほかのインコもいっせいに水浴びを始めたり、一羽が遊び始めるといつのまにか全員でしている光景を目に

「仲良く一緒にかじりまーす」

します。これは群れの中にいて、仲間と同じ行為をすることで、自分だけが目立つのを避け、外敵から身を守るためだといわれています。

行動だけでなく、感情も共有したいと思っています。仲間が楽しそうにさえずっていれば、同調して自分の声を重ねますし、飼い主が喜んでいれば、自分も楽しいと感じます。それがインコの安心感につながっています。

お手本がいないと不安になる

インコが不安になるのは、行動や感情を共有できる相手がいない時です。呼び鳴き(P58参照)は問題行動の典型的な例としてあげられ、一人にされることで、仲間から取り残されているような不安をもちます。また、人間をいくら

仲間だと思っていても、人間の行動のすべてをまねできるわけではありません。お手本にできる対象がいない時には、不安にかられます。そこで、なにか行動をした時、飼い主にほめられると、「これはいいことだ」と学習し、この行動をどんどん強化していくようになります。

POINT

インコがまねをする意味

仲間と同じ行為をすることで安心感を得たい

▼

飼い主とも、行動や感情を共有したい。だからまねをする。

**ほかのインコがよい行動した時、
目の前でほめてあげましょう。
よい行動を学習するようになります。**

「一人じゃ誰のまねもできないの…」

「いっぱいかじるんだ。お前には負けないぞ」

Column

インコは負けず嫌い？！

複数羽を飼っている場合、一羽がなにか覚えると、ほかのインコも負けじと覚えようとする傾向があります。仲間と同じことをしたくてやる気を出すだけでなく、飼い主からほめられているのを見て、「あれはいい行動だ」と認識するからです。嫉妬深いインコの中には、ほめられている仲間のところにやってきて、「自分を見て！」といわんばかりに、自分の得意なことをするインコもいるようです。

16

大人のインコでも家族に
なれる

- 差し餌で育てなくてもインコは手乗りになります。差し餌は、正しい知識がないと事故にもつながるので、プロの元で育ったインコを迎えるほうが安心です。

- インコの社交性はトレーニングで養えます。初めは懐かないインコも、根気よく愛情をもって接していけば、家族に溶け込んでくれます。

ヒナから育てなくても手乗りになる

　ヒナにアワ玉やパウダーフードをお湯で溶いたものを、スプーンで食べさせることを差し餌といいます。飼い主の愛情を存分に感じさせる行為ですから、ヒナはこれで飼い主に信頼を寄せるようになるのも確かですが、自己流ではいけません。正しい知識を身につけましょう。例えば、エサの温度が高過ぎると食道をヤケドさせますし、食べ物を気管に誤入してしまう事故も後を絶ちません。たくさん与え過ぎると、のどの「そ嚢」という袋の中で食べ物が固まってし

まうこともあります。よく誤解されるのが
差し餌の回数です。人のように朝昼夜と与
えるのでなく、そ嚢が空っぽになってから
与えます。そのためヒナそれぞれ回数も時
間も与える量も違ってくるのです。かなり
繊細な作業ですから、自信がなければペッ
トショップやブリーダーなどプロの元で過
ごしたインコを迎えることです。中には差
し餌を自ら行わないと手乗りインコに育た
ないと思い込んでいる人もいますが、そん
なことはありませんから、無理をすること
はありません。一度人間を信用するように

「飼い主さんを信頼してるよ」

なったインコは基本的に人間を仲間だと認識するようになりますから、相手が変わっても、時間をかけて適切に対応すれば、新しい家族の一員になれます。

社交性はトレーニングで養える

　馴れるまでの時間は、それぞれ異なります。ペットショップにいたインコは、生まれた時からさまざまな人と接しており、比較的人に馴れていますから、新しい飼い主にもすぐに懐き、家族に溶け込みます。

　個人の家で育ったインコも、愛情たっぷりで接してもらっていれば、人間を怖がることはありません。ほとんど問題なく家族の一員になってくれます。

　愛鳥保護団体の中には、飼い主が手放したインコを再トレーニングしている

「いろんな人と仲良くできたほうが楽しいよ」

ところもあります。手放す理由の中には、インコとのコミュニケーションがうまくいかず、問題行動をエスカレートさせるインコに手を焼いて引き取ってもらうケースもあります。こういったインコの再トレーニングはとても時間がかかりますが、愛情をもって適切なトレーニングを積めば、確実に改善し、人に懐くようになります。

「家族だと思ってるから、これからもよろしくね」

17 「永遠の2歳児」と いわれる理由

● 飼い主の気を引こうと、「やってはダメ」と注意されたことほど、やりたがるという、人間の子どものような心理があります。

● 飼い主をコントロールしたいと思っているインコのいいなりになるのはNG。甘やかさないようにしましょう。

怒られることをわざわざする心理

よくインコは「永遠の2歳児」と表現されます。実際は、3〜5歳の幼児期の子どもによく似ているともいわれますから、かなりの知能が高いといえるでしょう。それだけに、ダメといわれることをして、飼い主の注目を浴びようとする心理があります。

「多少のいたずらは許してね」

「噛んじゃダメ」といわれたパソコンのコードをかじり続けたり、「そっちに行っちゃダメ」と連れ戻されると、また飛んで行ったり、聞き分けのない子どものように注意されたことを何度も繰り返します。「うちのインコは学習しなくて困っていて……」という悩みをよく聞きますが、実は叱られることを「学習」して、勘違いしている場合が多いのです。

飼い主の気を引きたくて、学習する

インコは好きな飼い主がそばに来てくれるのもとても喜びます。それだけでなく、飼い主をコントロールしたいとも思っています。ですから、「この行動を繰り返すと、何度も飼い主が駆け寄ってきて、自分に注目してくれる！」と「学習」して、何度も繰り返すのです。また、この一連のやりとりを「遊び」の一つ

と認識して、楽しんでいる場合もあります。

　そんないたずらもコミュニケーションの一つと大らかな気持ちで付き合うのがいい影響を与えるものです。また、インコはなにか気に入らないことがあった時、感情をむき出しにして、鳴き荒れることがあります。そんな時に「どうしたの？」「うんうん」とダダをこねる子どもをあやす感覚で、不満や訴えを聞いてあげると落ち着いてきます。

「いつも、見ていてほしいな」

「時々ダダをこねるのは、かまってほしいんだよ」

Column

インコも嫌な体験はトラウマになる

人間と同じように、インコも幼い頃に経験した恐怖や苦痛がトラウマになり、行動が制限されたり、性格に影響が出たりします。例えば、粘着シートに羽をくっつけてしまい、羽をハサミで切るような経験をすると、人間の手が怖くなり、指を差し出したとたん強く噛むようになるというケースを耳にします。こんなトラウマには、インコが好きな食べ物を指で挟んで与えるなど、根気よく付き合ってください。

18

一羽飼いでもさみしくない

- インコにとって、仲間でありパートナーは、飼い主です。1羽ではさみしいと思って、2羽目を迎えるとかえってライバル視して、うまくいかないことがあります。
- 複数羽飼いたいのなら、最初から一緒に迎えるほうが、仲良くなりやすいでしょう。

インコにとって、飼い主がパートナー

　自然界では群れているインコがケージの中にポツンと1羽だけいる姿は、なんだかかわいそうにも映ります。友だち、あるいは恋人になる仲間を増やしてやろうと思ったら大間違い。いろんな問題が発生します。そもそもインコが自然界で仲間と集団で活動するのは、常に外敵に狙われる危険性があるからにほかなりません。人間と暮らすインコは外敵の心配がありませんから、事情が違います。ほとんどの場合、新しい仲間を激しく拒否するのです。人間と生活しているインコは、飼い主が自分のパートナーだと思っています。飼い主は自分にだけやさしくしてくれればいいのです。つまり、新参者が異性でも、初めはライバルでしかなく、なかなか仲良くなろうとはしないのです。

　たしかに、同じ種類のオスとメスなら、発情期を迎えるとカップルになり、子どもを産み育てることもありますし、違う種類でも、仲良くなり同じケージの中で寝食を共にするようになる場合もあります。しかし、それはまれなことと考えたほうがいいでしょう。2羽以上飼いたいのなら最初から一緒に飼うほうがカップルになる可能性は高いでしょう。それぞれの個

「飼い主さんが一緒にいてくれるから、さみしくないよ」

性を見極め、嫉妬心を抱かないように上手に付き合ってください。

インコのなわばり意識を理解しよう

　インコにはなわばり意識があり、自分のテリトリーをより快適にするために周囲をコントロールしようとします。それは人間に対しても行われます。犬の場合は、家族の一人ひとりを順位付けし、自分より上の人間、下の人間という格付けに従って態度を変え、テリトリーを守ります。ところが、インコの場合は、上下関係ではなく、基本的に仲間とは「対等」です。順位付けは、大好きな人、好きな人、あまり関心がない人、嫌いな人、なわばりの侵害者……といったふうに区別されます。自分のテリトリーで自分が快適でいられるよう、好きな人とは一緒にいたいし、何度も楽しい思いをしたい、嫌いな人は近づけたくない、そのための行動を起こします。

「あー、やっぱり一番好きだな〜」

Column

ほかの鳥に子育てをさせるカッコウ

　自分で子育てせず、ほかの鳥に自分の子を育ててもらう鳥がいます。カッコウは、オオヨシキリやモズの巣に自分の卵を産みます。その際、もともと巣にあった卵の数と合わせるため、卵を1つくわえて逃げるほどの狡猾さです。オオヨシキリは巣の中の卵を自分の産んだものと思い込み、しっかり抱いて、殻を破り出てくるのを楽しみにしています。そして、孵化すると自分より大きく育つヒナにせっせとエサを運び、巣立ちまで育てます。自然界で種を残すための知恵比べとはいえ、オオヨシキリには同情してしまいますね。

19

お留守番はさみしいな

● 留守中にさみしがったり退屈しないように、出かける前にはできるだけ遊んであげましょう。お気に入りのおもちゃを入れておくのもいいでしょう。

● 外泊する場合は、鳥に慣れている知り合いや動物病院に預けましょう。

飼い主の外出がストレスに

たいていのインコは一人ぼっちのお留守番をさみしがるものです。飼い主がコートを着て、カギを握る音がすると、感づいて大声を出し始めたり、ケージの扉を開けようとつついたり、そわそわし始めるインコもいます。ましてや、留守番が度重なると、さみしさから毛引き行動（P59）や呼び鳴き（P58）などの問題行動に発展してしまうこともあります。そんな思いをさせないためには、外出前に存分に遊んであげて、そろそろ一人で遊びたいと思う頃に出かけると、おとなしくしていてくれたりするものです。

「おもちゃがあれば、さみしくないよ」

お出かけ前に、食べ物と水は要確認

また、電気やラジオをつけっぱなしにしておく、夢中になれるおもちゃを入れておくと多少は気が紛れるようです。ただし、夜も電気がついたままだと発情を促しますから、タイマーなどで消灯できるようにしておきましょう。外出時に忘れてならないのが、食べ物と水です。食べ物は必要量を入れ、水も取り替えておくようにしてください。

長期外出なら、預かってもらう

　1泊の外出であっても、何度もトレーニングしてからでないと不安です。多くの飼い主からは、「インコを飼うようになってからは、心配で長期旅行ができなくなった」という声がよく聞かれます。生き物を飼うということは、それだけ生活に制限が出るということで、その覚悟をするということです。家族の協力も必要になってきますし、動物病院や鳥仲間などのネットワークが強い味方となってくれます。インコを家族の一員として迎える前にしっかり認識しておきましょう。

「どこに行くの？おいていかないで」

Check!

出かける時のチェックポイント ☑

健康状態が思わしくない時には、動物病院に預けることをおすすめします。預ける先には、そのインコの性格や習性を伝えておくと、様子がいつもと変わらないか確認してもらえます。

☐ 食べ物：新鮮なものに入れ替え、適量を補充したか

☐ 　水　：きれいな水に入れ替えたか

☐ 明かり：寝る時間になったら消灯するよう、なるべくタイマーを使う

☐ 湿　度：室内の湿度は一定に保たれているか

☐ 温　度：温度は一定に保たれているか。季節によっては、暑さ、寒さ対策が必要

20 信頼関係を保つ秘訣（ひけつ）

● ベタベタされるのが好きなインコもいますが、一歩引いてしまうインコもいますから、一羽一羽、性格によって接し方を見極めましょう。

● もし嫌われてしまったら、一気に関係を回復しようとしてはいけません。少しずつインコが喜ぶ体験を重ねて、心のガードを解いていきましょう。

ちょうどいい距離感を知ろう

飼い主と一緒に遊ぶのが大好きなインコですが、一人遊びがしたい時もあれば、気分が乗らない時もあります。そんな時に、しつこくすると嫌われることもあり、人間同士のお付き合いも同じですが、それぞれに適度な距離間は違ってきます。インコはそれを敏感に察してくれる人を好むところがあります。ところが、ほとんどインコに関心がない別の家族がお気に入りになることもあり、「一生懸命遊ぼうとしているのに、無関心なおじいちゃんの

「ごめんね、今は一人で遊ばせて」

ほうにいつも飛んでいくんです」といった声はよく聞こえてきます。この場合は、メスのインコだから、男の人を好きになったという理由が考えられます。自分が好かれていないのなら、しつこくするのはマイナスです。インコにとって、うれしいこと、楽しいことをもたらしてくれる人になることを心掛けましょう。

ゆっくりといい関係づくりを

インコは、賢い鳥ですから、自分への理解度で「好きな人」「嫌いな人」「無関心な人」を自然に振り分けます。インコが望む距離感は、一羽一羽違いますか

ら、インコとのお付き合いの中でその個性を理解していきましょう。人の恋愛関係でも同じですが、一度嫌いと思われたら、それを挽回するのは一朝一夕とはいきません。根気よく、インコが喜ぶ体験を重ねて、少しずつ心の距離を縮めていきましょう。

「あなたのことが、一番好きだよ」

 POINT

インコとのいい関係づくりに必要なこと

Keyword 1 ▶	安心感をもってもらう
Keyword 2 ▶	くつろげる関係づくり
Keyword 3 ▶	インコが望む「ちょうどいい距離感」を知る
Keyword 4 ▶	インコにとってうれしい体験を重ねる

インコギャラリー

オモチャ

おもちゃの中にかくれんぼ

このオレンジは渡さないよっ

誰？誰？

ここの隙間が好きなんだ〜

今日は、何グラム？

やっぱりリビングはいいよね

うん

2章

こんな時どうする？
困った時や問題行動

21

「行動→ほめる」の サイクル

● インコは叱るのではなく、ほめて伸ばします。 しつけの基本は「ほめる」です。

● 叱られたことを勘違いして、「注目された」「ウケた」 と思うことがあります。 叱り方には十分注意が必要です。

叱るのでなく、ほめてしつける

イタズラをして、「ダメよ！」「やめなさい！」と叱った時、「飼い主がかまってくれた」「注目を浴びた！」「ウケた！」と勘違いすることがあります。それが元で飼い主にとっては、いけないことを繰り返すようになってしまいます。それを避けるためには、同じイタズラを何度も繰り返している時には、知らん振りして、やめたとたんに「よし！いいこだね〜」とほめてあげてみてください。それでインコは「やらないほうが、いいことがある」と学習します。

◆◆◆マイナスの行動パターン◆◆◆

「注目を浴びた！喜んだ！」→叱られたことを繰り返す

「注目されると、調子に
のっちゃうな〜」

1
「ダメっ」「やめなさい！」と
叱られる

2
「注目を浴びた！」
「喜んだ！」と勘違い

3
また、繰り返す
（1へ戻る）

「もっとほめられたい」→よいことを繰り返す

「いいこだねって、たくさんほめてね」

1
「よしよし」「おりこうさんだね」と
ほめられる

2
うれしがる

3
また、繰り返す
（1へ戻る）

POINT

名前を呼びながら叱るのはNG

大事な家具をかじったり、危ない場所に行こうとした時、「○○ちゃん、ダメっ！」と名前をつけて注意しながら、捕まえて無理やりやめさせようとすると、「名前を呼ばれた時には嫌なことが起こる」と刷り込まれてしまうことがあります。そうなったら最後、呼ばれるたびにおびえるようになってしまいます。

「名前、呼んだ？」

22

問題行動を
とるようになったら

● 問題行動を起こすようになるには、 それ相応の原因が必ずあります。 適切な対処法がありますので、 まずは、 起こった頃のインコの様子を思い出して、 なぜそんな行動をとるようになったのか、 分析してみましょう。

よくある問題行動

1 呼び鳴き

人の気配がなくなると不安になり、大声で呼びます。呼ばれてすぐに行くと「呼べば来る」と思い、さらに大きな声で鳴くようになります。

対処法●詳しくはP62へ

2 手を怖がる

無理やりつかまれる、痛い思いをするなど、人の手によって嫌な体験をした時に、手乗りだったインコでも手を怖がるようになります。

対処法●詳しくはP70へ

3 噛み癖

飼い主の悲鳴を「喜んだ！」と勘違いして噛むこともありますし、不満があったり機嫌が悪くて噛むということもあります。

対処法●詳しくはP60へ

「ほら、手は怖くないよ」

「困らせてごめんなさい」

4 ケージ嫌い

放鳥した後、ケージに戻りたがらずに、飼い主を困らせるインコがいます。

対処法●詳しくはP40へ

5 毛引き

自分で自分の羽を抜く行為です。エスカレートすると、自分の皮膚をついばむ自咬にもつながります。

対処法●**詳しくはP64へ**

6 家族を攻撃する

特定の人だけに懐いている場合、ほかの人を攻撃しやすくなります。

対処法●**詳しくはP66へ**

7 人間不信になる

人間に乱暴に扱われたり、怖い思いをすると、おびえるようになります。

対処法●**詳しくはP34へ**

8 パニックを起こす

インコは臆病ですから、大きな音や地震の揺れを怖がり、ケージの中で暴れることがあります。

対処法●**詳しくはP116へ**

「この前、パニックになって、毛が抜けたよ」

 POINT

問題行動が始まったらチェックしよう！

❶ いつから始まったか？

❷ その前後に、なにか特別なことはあったか？

❸ その頃の心理状態は？

❹ その行動を起こす前は、どうだったか？

❺ その行動をすると、鳥にとってどんなメリットがあるか？

1ヶ月前の様子はと、ふいに問われてもなかなか思い出せるものではありません。習慣的にブログなどで写真付きのインコ日誌をつけてみてはどうでしょう。インコを動物病院に連れて行った時に説明する際にもとても役立ちます。

23

問題行動をなくすには
①噛み癖

悲鳴を「喜んだ!」と勘違いする

　懐いたはずのインコが、突如噛んでくることがあります。インコとはいえ、クチバシの力は強く、結構痛いものです。突然の衝撃に「痛いっ!!」と悲鳴を上げ、手で振り払おうとしてしまうのもうなずけます。しかし、それを飼い主が喜んでいると勘違いして、また噛むようになっているのです。それを防ぐために、まずはなぜインコが噛んだのか考えてみましょう。

「かじるの大好きでも、人は噛まないようにしなきゃね」

POINT

①：噛む理由と予防法

早く親鳥から引き離され、ヒナの時に1羽だけで育てられたインコは、親鳥に叱られたり、兄弟同士でケンカしたりして痛い思いをしていません。そのため、加減がわからず強く噛むことがあります。つまり社会性が身についていないインコが噛む傾向があるといわれています。

● **注目されたい時**
　成長期にあまりかまってもらえなかったインコは、噛みやすい傾向があります。
　予防法：「噛めば注目してもらえる」という認識を改めさせるには、例えば、おとなしくしている時をほめてあげ、そのことを理解させましょう。

● **思い通りにならず不満な時**
　甘やかされているインコほど、この傾向があります。
　予防法：一緒に外出するなど、外の世界をたくさん見せて、外の厳しさと家庭のありがたみを実感させるといいでしょう。

● **嫉妬している時**
　気に入った人が別のインコに夢中になっていると攻撃してきます。

予防法：多くの人やインコと接する機会を作って、執着心を弱めましょう。

● **物理的な高さによる強気**
ケージや定位置が高すぎることで強気になっていることがあります。
予防法：ケージや定位置を物理的に下げます。

「あま噛みだったら、
まだいいけど…」

● **ケガや病気をしている時**
体調が悪いせいで攻撃的になることもあります。
予防法：定期的な健康診断を受けましょう。

● **発情している時**
ホルモンがよく出て、うわついた気持になります。
予防法：発情が多いようなら、環境を変えるなど抑制させます。

● **反抗期**
インコにも2度ほど反抗期があるといいます。
予防法：いつか終わると構えて、嵐が去るのを待ちましょう。

②：噛みそうになったら

手に乗せている時に噛むしぐさを見せたら、噛んでいいものをインコの前に差し出し、気をそらしてみてください。噛んだら、インコの目をじっと見つめます。クチバシを離したら、にっこりと笑い、やさしく静かに語りかけましょう。

③：噛まれてしまったら

● **大きなリアクションをとらない**
ここは我慢のしどころ。涼しい顔をしていましょう。それでも噛むようなら、無言でインコをにらみ、「フッ」と息をインコの顔に吹きかけます。いきなり「フッ」はインコにとって意外なこと。しかもあまり好きではありません。そのためインコは噛むのを中断します。これの繰り返しが、噛み癖を減らす効果があるといわれています。ただし、大型インコやオウムにはあまり役立ちません。

● **噛んでもいいものと交換する**
噛んでもいいものを差し出す、もっと楽しい遊びをするなども効果的です。

● **噛まない時にごほうびをあげる**
手に乗せていても噛まなかったら、ごほうびをあげましょう。もし、噛んだらごほうびはお預け。これを繰り返すことで「噛まないとごほうびがもらえる」ということを覚えていきます。

24

問題行動をなくすには
②呼び鳴き

まずは、どういう状況で鳴くのか把握しよう

　今まで大きな声で鳴き続けたりしなかったのに、なにかのきっかけでさかんに鳴くようになることもあります。もし、近所迷惑になってしまうほど鳴くようでしたら、なにかを訴えているのかもしれません。よく観察してみてください。

 POINT

考えられる原因

● **退屈している**
退屈を訴えて鳴くことがあります。夢中になれるおもちゃを与えると落ち着いてきます。

● **孤立感を感じている**
インコは孤立が苦手です。家族がいるはずなのに姿が見えない、自分だけ仲間外れになっていると感じると「早く来て！」と甘えて鳴いたりします。もっとも、家族が外出している間は静かにしているというケースもあります。その様子を録音または録画して確認してみるといいでしょう。

● **エネルギーが溜まっている**
運動不足が続くと興奮して鳴き叫ぶことがあります。きっかけは、遊びに夢中になり過ぎた時や、発情が高まった時などです。対処法としては、アクティブに遊べるおもちゃと格闘させたり、水浴びをさせるといいでしょう。

● **食べ物がほしい**
食べ物の容器が空になっていることに気づいて、大声で鳴くことがあります。

「退屈させないで～」

POINT

呼び鳴きの場合の対処法

人の姿が見えなくなると鳴き続けることを「呼び鳴き」といいます。甘えん坊のインコに多い問題行動です。これをなおすには、呼ばれても無視するようにしてください。大声を出すといつも飼い主が飛んできて、インコが望む状況になるのは、なによりのごほうびになります。また、「うるさい！」と大声で

「ストレス発散なら、おもちゃで遊ぼう！」

怒ることも、飼い主の関心を引ける楽しい遊びになってしまいます。呼び鳴きには「反応しない」ことを原則として、下記の3つの対策を試してみましょう。

● どこにいるかをわからせる
飼い主が今、なにをしているかわかると安心します。例えば、台所にいる時にいつも同じ歌を歌っていると、インコは「あの歌を歌っている時は、台所にいる」と学習します。鳴かれる前に、歌って安心させましょう。

● いなくなる前に熱中させるものを与える
一緒に遊んで十分満足させた後、おもちゃなど夢中になれるものを渡してからケージを離れます。簡単には包みが開けられないおやつは、夢中になって開けた後にごほうびまでもらえるという仕掛けになりますから、とても効果的です。

● 静かにしている時にほめてあげる。かまってあげる
「鳴いても絶対に行かない」をいきなり始めると、中には孤独感を感じて

「静かにしてて、いいこだね」

ショックを受けるインコもいます。「静かにしているとよいことがある」と学習させるために、5秒静かにしていたら、行ってほめてあげる、次は、10秒……と、少しずつ時間を延ばしていきましょう。

25

問題行動をなくすには
③毛引き

まずは、毛引きの原因を突き止めよう

　クチバシで自分の羽毛を抜いてしまう「毛引き」は、内臓疾患、寄生虫、栄養不足、高カロリー、日光浴の不足、水浴び不足による脂粉（インコの体についている白い粉）の蓄積、ストレスなどがその要因といわれています。さらに、高カロリーの食事で発情を促進させている、毛引きが飼い主を喜ばせていると勘違いしているというケースもあるようです。羽毛だけでなく、自分の皮膚をクチバシで傷つける「自咬症」という症状もあります。肌色の地肌がむき出しの姿は、いかにも痛々しいですし、皮膚病のようにも映り、気持ちのいいものではありません。実際、傷口から細菌が入る恐れもあります。

　毛引き行動がみられたら、まず鳥専門の病院で診察してもらい、健康面に問題がないか確認してから、ストレスなど精神面のケアを考えましょう。

心の問題で起こるケースの場合

　インコは頭のいい鳥ですから、人のまねをしたり、話しかけるとうなずくようなしぐさをしてくれたりします。そこで、一日も早く芸を覚えさせようと過剰な期待を寄せ、猛特訓をさせてしまう飼い主がいます。それがストレスとなり、毛引きを始めるインコもいます。もともと、さみしがり屋で嫉妬深いというナイーブな性格ですから、ストレスを溜めやすいと考えておくといいでしょう。中には、毛引きをした自分の姿に

「自分で羽を抜けないように、エリザベスカラーつけられちゃった」

飼い主が驚き、声を上げたことを喜んだと思い、注目してもらいたいがために何度も毛引き行動を繰り返す場合があります。また、羽が生え替わる時期

に気になっていじり出したら癖になり、毛引きに発展したというケースもあります。

 POINT

毛引きの対処法

対策にはまず、何が原因でストレスを感じるようになったか、毛引きを始めた時期はいつ頃か思い起こしてみましょう。思わぬ出来事がインコにとっては大ショックだったということもありえます。

● **環境の急変が原因だと考えられる時**
元の環境に近づけたり、お気に入りのものを与えるのもいいでしょう。

● **退屈している時**
頭を使うおもちゃ、また、テレビを見せると映像と音の刺激に関心を示します。いつのまにか癖になっていた場合は、かじったりむしったりできるおもちゃが有効です。

「早く治るといいな」

● **愛情不足を感じている時**
たくさん遊んであげる、やさしく名前を呼んで話しかける、「かわいいね」「大好きだよ」と愛情込めて伝える、いつも見えるところにケージを移動するなどの方法があります。

Check!

毛引きが始まったら… ☑

- □ 1：いつ頃から始まりましたか？
- □ 2：その頃、環境の変化はありませんでしたか？
- □ 3：健康面の変化はありませんでしたか？
- □ 4：愛情が減ったとインコが感じる出来事はありませんでしたか？
- □ 5：インコと接する時間が減りませんでしたか？
- □ 6：退屈な環境になっていませんか？
- □ 7：高カロリーな食事になっていませんか？

26 家の中にはライバルが いっぱい

● 人だけでなく、飼い主の身の回りにあるものにもヤキモチを焼いていることがありますから、観察してみましょう。

● 家族のみんなでインコの世話をすると、みんなと仲良くなれるきっかけづくりになります。

思わぬものが恋敵に

飼い主に、いつも自分を見ていてほしいと願っているインコ。時には、思いもしなかったものにライバル心を燃やすことがあります。例えば、ケータイ電話。音がするとすぐにポケットから取り出して、長々とケータイとおしゃべりしています。インコにはそう映っているのです。時には、ボクが一生懸命歌っているのに見向きもしな

「いつもそばにいられてうらやましいぞ、ヘアピンめ」

い。そんな飼い主にイライラすると同時にケータイにヤキモチを焼きます。パソコンのキーボードも気にします。遊んでほしいのに、カチャカチャとキーボードを叩きながらモニターとにらめっこ。インコにとっては長い長い時間に感じられてならないのです。

そのほか、テレビやリモコンも手ごわい強敵。一度嫉妬し始めると、メガネ、カギといった飼い主の身近にあるものは、恋敵になってしまいます。嫉妬がエスカレートすると、そのライバルに攻撃的になったりします。そんな様子に気づいたら、心掛けて遊んであげるようにしてください。名前を呼んであげるだけでもかまいません。あなたのことをいつも気にしているよ、というサインを出して安心させてあげてください。

家族との三角関係を解消するには

　気になるのは物だけではあり
ません。人にもライバル心をあ
らわにします。いわば、三角関
係のもつれのような状況を招い
てしまうのです。専業主婦の奥
さんに可愛がられているインコ
は、昼間はたっぷり遊んでもら
えますから、奥さんと相思相愛
だと信じています。ところが、
ご主人や子どもが帰ってくる

「いつも一緒に連れてってもらって、いいよな」

と、そちらに気をとられ、楽しそうにしていたりします。ケージが開いたとた
ん、ライバルに飛びかかっていったりすることもあるくらいです。

　こんな三角関係を未然に防ぐには、家族みんなで役割分担してインコのめ
んどうをみるというのが一番です。例えば、これまでお母さんからしか食餌を
与えていなかったら、ライバルと思われているお父さんがあげると「この人か
らはうれしいことがもたらされる」とインコは学習します。そのうちに、敵視し
ていた気持ちも少しずつですが薄れてくるでしょう。

「わたしも遊んでほしいよー」

27 新入りの鳥に嫉妬してしまう

- 新しい仲間を迎える場合、食餌や遊びなど、先輩インコのお世話を優先させてあげましょう。嫉妬による問題行動を防げます。
- インコの相性は、実際に対面させてみないとわかりません。近くにいる時間を徐々に延ばして、様子を見てみましょう。

先輩インコを優先に

もともとインコは嫉妬深い性格で、新しい仲間が加わって自分の名前を呼ばれるのが後回しにされたりすると、攻撃的になったり、体調を崩したりします。これは、人間の子どもにもみられる、いわゆる赤ちゃん返りと同じ性質のものです。人間なら「お兄ちゃんなんだから」と徐々に認識や行動を変えるよう仕向けることもできますが、インコはそうはいきません。

新しい仲間を迎える時には、先にいたインコを気遣ってあげる必要があります。食べ物をあげたり、名前を呼んだり、ケージから出したりする時には、まず先輩インコを優先にしてあげましょう。インコは自分を最優先にしてほしい動物ですから、それだけでも、先輩インコの気持ちが揺れるのを防げます。

また、しばらくは後輩インコと遊ぶ様子も、先輩インコに見せないようにして、また、一緒に放鳥するのも控えましょう。

「先輩インコを優先させて、気遣ってほしいな」

仲良くさせたい時には

　初めて顔を合わせるインコを仲良くさせるには、根気よく取り組むしかありません。別のケージに入れて、毎日短い時間でいいのでケージ越しに2羽を対面させてみてください。この時、騒いだり、威嚇するようならすぐにやめます。ストレスを抱えて、体調を崩してしまうことがあるからです。インコは群れで暮らす生き物ですが、相性があるため、無理に仲良くさせるのは、とても難しいものです。相性の良し悪しもわかりづらく、馴れるまでにはそれ相応の時間がかかります。

「こんなに仲良くできればいいんだけど…」

「どの子もみんな可愛がってね」

Column

個性を見極めて遊び方も工夫を

　嫉妬深いインコの中には、ほかのインコが人間にかまわれているのが許せず、そんな場面を見ようものなら、飛んできて、間に割り込み、「あいつじゃなくて私をかまって！」とばかりに主張してくるインコもいます。嫉妬する時の行動はそれぞれに違いますが、なかなかしつけられるものではありません。個々の性格を見極め、単独でかまう時間をもうけるなど、遊び方にも工夫が必要になります。

28

手を怖がるようになった時

● 人の手によって怖い体験をしたインコは、手で触れられるのを嫌がるようになることがあります。

● トレーニングしだいで信頼を回復できますから、根気よく取り組みましょう。

人の手の怖い体験を引きずることも

昔は手乗りをしてくれたのに、強引にキャリーに入れられたり、遊んでいたいのにケージに戻されたなど、インコが嫌がる扱いがトラウマとなって差し伸べた手を拒否するようになるケースがあります。そうなってしまったのではインコはもとより飼い主にとっても不幸なこと。スキンシップは、手で触るのが基本で

「手の上で遊ぶのは楽しいことなのにね」

すし、手を怖がると、インコが病気になった時に薬を飲ませることもできません。ここではインコの気持ちを第一に考え、以前のように触れ合いを楽しめるようトレーニングをしていきましょう。

「おやつ＋手」で、信頼回復

第一ステップとして利用できるのがおやつです。指でつまんで、そっとインコに差し出すことから始めます。最初は恐る恐るで、近づこうとしないかもしれませんが、繰り返すうちに少しずつ近づくようになります。やがて、危害がないことを悟るとちょっとついばんだりするようになり、しだいに「手からはうれしいことがもたらされる。怖くないんだ」と思うようになります。そこで「いい

こだね～」とほめてあげると、イン
コの安心も深まります。少しずつ
手の近くにいる時間を増やしてい
き、足元に指を置くと片足を乗せ
るようになったり、そっと頭をなで
ても怖がらなくなったら、だいぶ
慣れてきた証拠です。

可愛がっているインコが自分の
手を信頼してくれないなんて、さ

「手はスキンシップの基本だよ」

みしいことですよね。じっくりと取り組んで、いつか手の中で安心して眠って
くれるくらいにまでなってほしいですね。

 POINT

手に馴れるレッスンをしてみましょう

STEP 1 好きなおやつをつまんで、インコに見せる。

STEP 2 近づいてきて、食べてくれたら
「よしよし、いいこだね～」と、ほめてあげる。

STEP 3 少しずつ手の近くにいる時間を
長くする。

STEP 4 慣れてきたら、足元に指を
置いてみる。

STEP 5 足を乗せるようになったら、
ほめてあげる。

STEP 6 頭カキカキにも挑戦してみる。

「手はいつもおいし
いものを持ってきて
くれるよ」

時間をかけて、じっくりと練習していきましょう。
この時、ケージに手を入れると怖がったり、怒ったりするようなら
無理しないでください。そのインコの性格にもよりますが、早い鳥
で数日の場合もあります。しかし、それは稀な例です。1年以上かけ
るくらいの気持ちで取り組んでくださいね。あせりは絶対禁物です。

インコギャラリー

なかよし

ギャア〜、
甘えさせて〜

隠して

仲良しだよ

水浴び
する？

ケンカも
するけど、
仲良し夫婦

さりげなく、
バケツ握ってます…

う〜ん、
眠い…

3章

トレーニングと遊び

29

トレーニングの心得

● 人と上手に暮らすためのルールを、幼鳥の頃からトレーニングしておきましょう。
● 「ポジティブレインフォースメント」（よい行動をほめて伸ばすこと）で、好ましくない行動を減らしていきましょう。

トレーニングは最初が肝心

幼鳥たちは、本能のまま行動しますから、ケージの中でやりたい放題です。それでも必死に食餌をついばんだり、満腹になって眠っている姿は愛らしく、つい甘やかしがちになるものです。しかし、「まだ子どもだから……」と、そのままにしておくのは、人間の子どもと同じでよくありません。これから家族の一員になり、仲良く暮らしていくには、幼い時期から飼い主は何を喜び、何を喜ばないのか、家族とうまく暮らしていくルールを教えていきましょう。

「もの覚えは早いよ！」

ポジティブレインフォースメントで、よい行動を伸ばす

最初は気を引きたくて、同じいたずらを繰り返すものですが、その都度トレーニングと思って接しましょう。時には、感情を逆なでするようなことをしでかすこともあるでしょう。しかし、そこで感情的になってはいけません。じっと我慢して、好ましい行動をしたときにほめて強化します。これを「ポジティブレインフォースメント」と呼びます。応用行動分析学に基づく方法で、インコはほめられた行動を再びするようになり、ほめられない行動は徐々にしなくなります。

逆に罰を与えるのは「ネガティブレインフォースメント」と呼ばれ、不快な刺激によって動物の行動をコントロール・制限する方法です。かつては、犬のしつけなどでこの方法が多くとられていました。

成鳥になってからでも、間に合う

　「トレーニングをするなら、幼鳥から始めないと身に付かないのでは？」と思う人がいるかもしれませんが、ほめて伸ばすポジティブレインフォースメントなら、大丈夫です。成鳥になってからでも楽しそうにトレーニングに参加してくれます。

精神的に安定した成鳥に育てるには

　幼いうちにたくさん話しかけ、十分なスキンシップを図ることで、インコは精神的に安定した大人へと成長します。スキンシップは、ホルモンのバランスを整えるため、健全な肉体に育つことにもつながります。精神的に強い鳥を育てるには、大人

「たくさんスキンシップしてね」

の羽毛へ生え変わる最初の換羽までが勝負です。生後3〜4ヶ月までの間といわれ、人間に例えると少年・少女期へ成長を遂げる時期といわれます。
　もし、過保護に育てられストレスを知らないままに育つと、精神的にひ弱なインコになってしまいます。例えば、家族旅行でどうしても知人に預けなければならない、病気になり動物病院で治療を受けなければならない時などに、いちいちショックを受けることになります。そういった意味では、ある程度のストレス耐性をつけておくことはインコにとっても幸せなのです。

Column

しつけと服従のカンチガイ？！

最低限のしつけと人間の都合で覚えさせることの線引きをきちんともちましょう。例えば、危険なことを覚えさせる、迷惑になることをやめさせるのは、社会性を身に付けることになります。芸を覚えさせたりするのとは全く異なるものです。決して無理強いはしないようにしましょう。

30

トレーニングの基本

- インコとの意思疎通を図るには、「手乗り」と「4つの指示」を教えることが大事です。根気よく付き合ってマスターさせましょう。

- できた時は、たくさんほめてください。その行動はいいことだと認識します。

トレーニングのポイント

POINT 1

愛情が背景にあること

トレーニングとはいえ、押し付けではストレスが溜まるばかりです。楽しみながらというのを忘れないでください。飼い主とインコとの信頼関係が築けているからこそ、トレーニングはできるのです。

POINT 2

個性を認めて柔軟な姿勢で

トレーニングはほめるのが基本です。インコの性格に合わせて、あれこれ試してみましょう。

POINT 3

幼い時期から始める

人間と同じで、しつけは若い時期（6ヶ月〜1歳）に始めましょう。かわいいしぐさを見ていると、今は伸び伸びとさせてあげたいと甘やかしがちになるのもわかります。しかし、早めからのほうがいいのです。

「手乗り」のトレーニング法

1 手に慣れさせる

家に来たばかりのインコは、新しい環境に緊張しています。手乗りの成鳥であっても、最初の数日間は静かに見守り、徐々にケージ越しにごほうびをあげたり、なでたりしてあげましょう。同時に、やさしい声で名前を呼んであげるといいでしょう。

2 ちょっと触ってみる

手を怖がる様子がなくなったら、ケージの中にそっと手を入れて軽く触ってあげましょう。この時、ケージに手を入れると怖がったり、怒ったりするようなら無理しないでください。

3 指に乗せる

インコの足元より少し上の位置に指を差し出すと、片足を乗せたり、動かなかったり、いろんな反応をします。少し足を触り、促すようにしましょう。あまり時間をかけず、無理をしないようにしてください。教えていくうちに条件反射で足を上げるようになります。そのままゆっくり指を上げるとバランスを取るためにもう片方の足も乗せてきます。

4 「乗って！」の訓練

順調に乗るようになったら「乗って！」と決まった言葉をかけるのがコツです。左手の指に「乗って！」、今度は右手の指に「乗って！」と順序良く乗り替えられるようになるまで練習しましょう。

「4つの指示」のトレーニング

1 「OK!」

インコがしようとしている行為を許可する合図です。インコが自分でしたくてしているのではなく、人間の許可でしていることを認識させます。ここぞ！というときだけ使います。

2 「NO!」

インコがしようとしている行為をやめさせる合図です。「コラ!」「ダメ!」など、普段使いがちな制止を意味する言葉とは違うものを用います。制止したい時だけ、メリハリをつけて伝えます。同時に名前を呼ぶのは避けてください。インコが混乱してしまいます。

3 「UP」

「乗って」という意味で使います。手乗りのしつけの応用編です。止まり木から指へ乗る、自分の手から他人の手に乗る、棒から止まり木に乗るなど、いろいろなパターンを練習しましょう。できたら、ごほうびをあげたり、ほめてあげましょう。

④「DOWN」

「UP」が自由にできるようになったら、「降りて」という意味で「DOWN」を教えます。指の置き方で自然と降りてくれますが、その行為は人間の指示でやっていると認識させることが大事です。指から指に移動する時は「UP」ですが、指から止まり木や床に降ろす時だけ「DOWN」といいます。降りない場合は、止まり木のやや上にインコが止まっている指を置き、少し斜めに下げると、ほとんど降ります。

※英語でなくても、我が家の4つの指示を決めて、家族も含めて統一しましょう。

Column

トレーニングには一貫性をもたせる

しつけやトレーニングには一貫性がなければなりません。昨日は、ほめてくれたのに、今日は無反応。いつもは一緒に歌ってくれるのに、今日はうるさいといって叱られたなど、その時々で違ったのでは、インコは混乱するばかりです。なにをすると喜んでくれるのか？なにをしてはいけないのか？いつも変わらない態度で接することが、インコとの信頼関係を構築するうえでとても大事なことになります。

インコと触れ合う時のルールは、家族で共通にしておきましょう。例えば、お父さんは「ピーちゃん」と呼ぶのに、お母さんは「ピー子」では、どっちが自分なのか、迷ってしまいます。同様に、しつけの合図なども、統一しないとなかなか身に付きません。

生活のリズムも大事です。起きる時間、眠る時間が毎日違ったのでは、信頼関係に影響するばかりか健康上よくありません。

31

ライバル意識を利用した
トレーニング

● 好きな人と同じことを共有したいという気持ちが、インコの能力をアップ
させます。家族や友人と一緒に取り組めるトレーニングも有効です。

● 会話の多い家族では、インコもまねをしておしゃべりになりやすい傾向
にあります。

おしゃべりは求愛行動の一つ

ものまねが得意で、ヤキモチ焼きの
インコの特性を利用した「モデル／ライ
バル法」というトレーニング法がありま
す。家族、あるいは友人にアシスタン
トになってもらい、インコの前で飼い
主とのやりとりを見せて、行動を学習
させるというものです。まず、飼い主が
アシスタントに「名前は？」と聞くと「ピー
ちゃんです」と返答します。適切な答え
だったら、ごほうびをあげるなど、イン
コにとって羨ましいことを目の前で見せ
ます。ライバル心を燃やしたインコは、
ほめられる行動を学習し、まねし始めま
す。そもそもインコのおしゃべりは、求
愛行動の一つで、個性差はありますが
一般的にメスよりもオスのほうが得意だ

「友だちだけど、ライバルさ」

「私たちは、仲良しだよね」

といわれます。好きな相手と同じことを共有したいという気持ちの表れなのです
から、覚えたらちゃんとほめてあげましょう。

おしゃべりな家庭のインコはよくしゃべる

　家族の会話が多い家庭では、インコもおしゃべりになります。楽しそうにしゃべっているのを見ながら、毎日学習するからです。たまには友人を呼んでワイワイがやがやと楽しい雰囲気になるのもいい刺激になり、言葉を覚えるスピードが早まるともいわれています。たんなる口まねではなく、ヨウムなど知能が高いインコの場合は、言葉の意味を理解して、会話が成立することもあるほどです。

Column

世界で一番賢いインコ？アレックスのお話

「モデル/ライバル法」の研究者であるアメリカの認知行動科学者、ペパーバーグ博士は、ヨウムのアレックス（1976-2007）をトレーニングして、インコの驚異的な知的能力を証明しました。この実験によると、アレックスは、100語近い英単語を覚え、朝食時は「ブドウ、ホシイ」と意思表示し、近くにある木に止まりたければ「キ、イキタイ」と口にするなど、数個の単語をつないで、自分の意思を伝えたといいます。また、緑のカギと緑のカップを見せて、「何が同じ?」と聞けば「イロ」と答え、「何が違う?」と聞けば「カタチ」と答えたり、物の大きさや素材の違いを見分けたり、1〜6まで数を数えられたり、と高い認知能力で人々を驚かせました。こうした研究はほかでも行われており、インコの認知能力はチンパンジーやイルカに引けを取らぬほどのものということが科学的に認められつつあります。

「ヨウムのアレックスって
知ってる?」
「知らないな〜」

32

性格に合わせて、おもちゃをそろえよう

● 日頃の行動を観察していると、どんなおもちゃが好きそうか、想像がつきます。喜んでしている行動を存分にできるおもちゃを選んであげましょう。

● 足がひっかかったり、のみ込んだり、おもちゃで危険なことも起こりえます。十分に注意しましょう。

興味をもつかどうかが一番の判断基準

　好き嫌いのはっきりしているインコですから、おもちゃ遊びにはしばしば悩まされます。まずは、放鳥した時、どんなことをしているか思い出してみましょう。キラキラしたものに興味を持つ、紙をボロボロになるまで噛んでいる、ぶら下がるのが好きなど、インコの好みがそこには表れていますから参考にするといいでしょう。そこでもう一つ考えてほしいのが、ケージが狭くて運動不足、一人でいる時間が長いといった、環境面です。時には気に入ってもらえないこともあります。そんな時には、ケージの外に置いて見慣れるようにしたり、紙に包んだまま渡して、開ける喜びを味わえるようにするのも手です。人間が楽しそうに遊んでいるのを見せて、興味をもったらもったいぶって渡すなど、工夫すれば関心を引くものです。

おもちゃのタイプ

破壊できるおもちゃ

インコはなんでも壊すのが大好きです。思う存分壊せるものを与えると大喜びしますし、ストレス発散にもなります。

かじれるおもちゃ

インコは噛むことも大好きです。クチバシを使って、結び目をほどいたり、噛みちぎったり、夢中になります。

音を楽しめるおもちゃ

ケージの中で一羽で過ごしている毎日は、どうしても刺激不足になりがちです。触ると音の出るおもちゃは、刺激が大きく、けっこう楽しんでくれます。

ぶら下がれるおもちゃ

狭いケージの中を広く、自由に使って遊べるので、運動能力のアップやストレス解消にもなります。鳥の心身の健康維持には必須です。爪などがひっかからないように注意しましょう。

頭を使うおもちゃ

好奇心旺盛で知能が高いインコは、人間の子ども並みに頭を使うおもちゃも喜びます。ポイントは簡単過ぎず、難し過ぎないものです。家人が留守をする時の退屈しのぎにうってつけです。

33

おもちゃを手作りしよう

● 愛情たっぷりの自作のおもちゃも大喜びします。特に破壊型のすぐにボロボロになりやすいものは、家にある廃棄品、あるいは100円ショップで買ったグッズにちょっと工夫を加えたもので自作すれば安上がりになります。

● ポイントは適度に難しさがあるおもちゃにすることです。

手作りおもちゃを作ってみましょう

手作りおもちゃいろいろ

紙を短冊にして、ひもでぶら下げる

紙をちぎったり、ひっぱったりするのが大好きです。短冊にした紙をひもで縛ります。天然素材の和紙など、有害なインクや材料を使っていない紙を選びましょう。

い草を編んでぶら下げる

食用い草をまとめたものも、夢中になってかじります。

ひもに鈴をつける

こんなに簡単なものでも、喜んで遊びます。音が鳴るものは特に好きです。

針金にビーズなどを通す

止まりやすいように、大きなものと小さなものをミックスしておきます。

編みひもに小さめのビーズをつける

編みひもの途中にとんぼ玉やビーズをつけたミサンガのようなものは大喜び。編みひもをひたすらかじって、途中のビーズを落とし、編んだひもを解くのに夢中になります。ガラス製の大きなとんぼ玉はかじった破片をのみ込むと危険なので、ウッドビーズで作るほうがはるかに安全です。

ステンレスワイヤーを芯にして編み上げると、固定も簡単で、自在に曲げられます。

遊び場を作ってみましょう

材木を組み立て、綿のひもを渡したり、止まり木やハシゴ、ビーズや鈴などをつけると、いろんな遊び方をします。

ひもを渡す

止まり木のように使いますが、アンバランスさが楽しいようです。かじっても安心な綿のものを使いましょう。

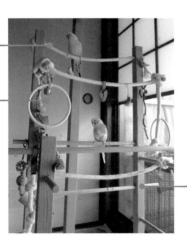

光り物、音が出るものもつける

鈴など音の出るものや、キラキラ光るものはインコを夢中にさせます。のみ込めないサイズのビーズがついているのがいいでしょう。

おもちゃはそばに置く

止まり木やぶら下げ棒はいいのですが、ぶら下げるタイプのおもちゃに足が挟まって宙ぶらりんになる事故もよく聞かれます。床におもちゃ箱を置くことをおすすめします。

木材を組む

100円ショップやホームセンターで買ってきた木材を自由に組み立てましょう。太さは鳥の足でつかみやすいサイズがいいでしょう。

おもちゃを作る時の注意点

◎安全な材料を選びましょう。
× のむと危険な塗料がついたもの
× ビーズなどのみ込む可能性のある小さなもの
× 足や首がひっかかりやすい輪ゴム、ゴムひも、細い糸
× 割れるととがるプラスチック
× 鉛を使ったもの(インコには有害)

◎落下しないように、ひもで固定
ケージの中にぶら下げていたおもちゃが落下すると、そのおもちゃで遊べなくなることがあります。簡単に落ちないようにしっかり結んでおきましょう。

◎破壊タイプは変化をつける
破壊系のおもちゃは、簡単に壊れる部分としっかり固定されている部分を組み合わせておくと、長持ちします。

◎紙とインクには注意
広告や印刷物など、色がカラフルなものはインコにとって有害なインクや紙を使っている可能性があるので使わないようにしましょう。

◎おもちゃをかじって食べていないか、しっかり見極める
もし、便の中におもちゃの材料が入っていたら、直ちにそのおもちゃを撤去してください。

◎針金には注意
鉄製はサビが出ますので、早めに交換するか、できるだけステンレス製のものを使いましょう。

◎紙の切れ端に発情するインコもいるので注意
切れ端を巣材だと勘違いして、発情するケースもあるので、状況により撤去してください。

34

インコとの遊び、いろいろ

仲良くなるには、一緒に遊ぶのが一番

インコは人間と遊ぶのが大好きです。遊びたい時には、こちらに向かっておしゃべりをし始めたり、「ケージから出たい〜」と扉の前で足踏みしたり、いろんな表現方法で「遊びたい！」という意思表示をします。観察していると、どの動作が遊びたいというサインなのかわかってきますから、おねだりにちゃんと応えてあげましょう。時には疲れていることもあるで

しょう。それでも人は趣味の時間があったり、楽しい会合でウサを晴らすこともできますが、カゴの中のインコはそうはいきません。毎日、時間を決めて遊んであげると、インコもあまり不満をもたなくなります。

インコとの遊び

鳴きまね	ワキワキ踊り

インコが鳴いたら、その声そっくりまねて返してあげるととても楽しそうにします。この遊びは信頼関係がこじれた時にも効果的です。

インコは、うれしい時や楽しい時、翼を少し肩から浮かせて、ワキワキと羽を左右に揺らしたりします。このダンスをし始めたら、一緒になって、同じようにワキワキと踊ってください。そこでインコの名前を入れたオリジナルソングを歌ってあげると、体全体で喜びを表したりします。

空中ブランコ

指に乗ってしっかりつかまっていたら、そのままゆっくりと前後左右にブランコのように揺らしてみましょう。インコは、ブランコのゆらゆらとした動きが大好きです。慣れてきたら、ひっくり返してゆらゆらと揺らしてあげると大喜びします。

にらめっこ

インコに見つめられたら、同じように見つめてあげるのも遊びにつながります。にらめっこは先に動いたほうが負けですから、インコが動いたら「あ〜、負けた！」とゲームであることを教えると、次第にルールを覚えていきます。

いないいないバア

「いないいないバア」をすると、人間の子どもと同じような反応をしたりします。やはり単純でわかりやすいのでしょう。また、この遊びは「見えない時でも気にしてくれている」と理解してもらうことにもつながります。

口笛を吹く

インコの鳴き声に合わせて、口笛を吹いてみましょう。インコは自分の動作に合わせてくれる飼い主に信頼を寄せてきます。

つな引き

割り箸も格好の遊び道具になります。箸の端と端をひっぱり合えば綱引きになります。接戦を繰り広げつつ、最後にインコに勝たせてあげるのは人間の子どもと一緒で機嫌をよくします。

一緒に応援

テレビに好きなタレントが出演したり、スポーツでファインプレーがあった時、インコの名前を呼んで「ヤッタネー！」とガッツポーズを見せて喜ぶと、インコも一緒に喜びます。飼い主の喜びを共有できることはインコにとってもうれしいこととなのです。

手ぬぐい合戦

手ぬぐいの端をひっぱり合うのも面白がります。この時、顔にかぶせたり、包んだりして遊んでおくと、病気をして、布にくるまなければいけない時にも、あまり抵抗せずに済むようになります。

追いかけっこ

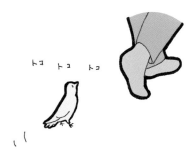

ケージの外にいるインコに近づいて小刻みに進むと、インコはその動きに興味を持って追いかけてきます。ただし、体力を消耗しますし、安全にも配慮して行ってください。

テーマソングを歌う

食べ物や水を替えるなど、毎日の世話をしている時、テーマソングを作って歌うと、インコにとって、その動作にちょっとした遊び感覚が生まれ、飼い主がやってくる楽しい時間になります。

手の中でねんね

1.手に慣らす

ケージの中に手を入れ、インコの背中にそっと手を差し出します。逃げなかったらごほうびをあげ、少しずつ慣らします。

2.インコに触る

手を近づけても大丈夫になったら、指で体をそっと触れてみます。嫌がらなければごほうびをあげます。徐々に触る指の数を増やします。

3.手で体を包む

手全体で体を包みます。これを嫌がるインコは多いので、慎重にしてください。ごほうびをあげて、数秒後に離します。嫌がったら、前のステップに戻ります。

4.持ち上げる

手で包んだら、少し持ち上げて、ごほうびをあげます。この時間を徐々に延ばし、ごほうびも増やします。

5.お腹を上にする

4ができるようになったら、手をひねり、インコのお腹を上に向けます。ごほうびをあげて、元に戻します。上向きにしている時間を少しずつ延ばし、繰り返し練習します。

インコギャラリー

スゴイでしょう

愛情は
全身で
受け止め
ます！

すごいで
しょ〜

オリンピック
選手並み？！

おっとっと、
片足でも大丈夫

あらよっと

アーモンドの
殻、固い！

落花生
好きなんだ

4章

食事と健康

35

元気のもとは
バランスのよい食事

- 幼鳥の頃に食べたものを「食べ物」と認識しますから、早くからバランスよく、まんべんなく食べ物を与えるようにしましょう。
- 一羽一羽、それぞれに好き嫌いもありますから、栄養が偏らないように配慮してあげましょう。

好みを決めるのは、飼い主の与え方しだい

インコの食餌は、差し餌から始まり、育成に準じてシード、ペレットといった成鳥用の食餌に移行します。シードには、アワやヒエ、キビの基本食に麦類を加えたものなど、さまざまな種類があり、インコが自然界で食べているものと一番近い食べ物です。これに、青菜やカルシウム飼料、塩土などをプラスして栄養のバランスをとります。ペレットは、必要な栄養素をまんべんなく配合した人工フードで、インコの種類や体調に合わせていろいろな種類が用意されています。どちらも種類が豊富にそろい、それぞれに利点がありますから、バランスよく与えるようにしたいところです。

人間と同じようにインコにも食べ物の好き嫌いがあります。これも人間と同じなのですが、好き嫌いは親、つまり飼い主がなにを与えるかによって影響を受けるところが大きいのです。健康ですくすく育つのを願うなら、なんでも旺盛に食べるインコにしてあげましょう。

殻むき

シード

与える際のポイント

1.できれば殻つきを選ぶ

シードには、殻むきのものがありますが、殻をむくことでストレス解消になりますし、栄養価も高いので殻つきを選びたいところです。ただし、中には殻をむけないインコもいます。そんな時には、殻むきを与えるしかありませんが、栄養価が下がる分、ほかの食べ物で補ってあげましょう。

殻つき

2.「混合シード＋ほかのシード」を与える

ヒエ・アワ・キビの3種の混合シードが一般的です。これに、インコの体調を考えて、カナリーシード、小麦や燕麦（えんばく）、ソバの実など、タンパク質やカルシウムが豊富なものを加えましょう。

3.オイルシードの与え過ぎに注意

インコはヒマワリの種、麻の実、松の実などタンパク質や脂質が豊富なフードを好む傾向にあります。しかし、栄養豊富なオイルシードの食べ過ぎは、肥満や病気の原因になるので与え過ぎには注意しましょう。

カナリーシード

そばの実

小麦

ペレット

バランスの取れた人工栄養食

ペレットとは、インコに必要な栄養素を考えて作られた人工成形飼料です。シード食はバランスのよい副食を取れば問題ないのですが、偏食するインコもいるため、ペレットをすすめる鳥専門の獣医もいます。不足しがちなアミノ酸やビタミン、ミネラルを確実に摂取できるのが魅力です。

無着色ペレット

セキセイインコ用

オカメインコ用

フルーツフレーバー

与える際のポイント

ペレットは数多くのメーカーがあります。選ぶのに迷ってしまいますが、含有成分など情報公開をきちんとしている商品を選びましょう。インコの好みもありますから、まずは与えてみて、食べるかどうか確認するといいでしょう。海外のペレットの場合、日本の環境に合わせて作られていないため、保存方法に気を付けないとカビが生えることがあります。しっかり密閉して冷暗所に保存し、賞味期限をチェックするようにしましょう。

36 野菜もしっかり与えよう

- 副食として、ビタミンやミネラルが豊富な緑黄色野菜を毎日与えるのが理想的です。もし可能なら、簡単に自家栽培できる野菜をあげると新鮮でいいでしょう。

- 白菜やキャベツなどは、水分が多く、下痢の原因になるので避けましょう。

 ## おすすめの野菜

小松菜
生のまま与えます。ビタミン、ミネラルが豊富です。

春菊
生のまま与えます。ビタミンだけでなく鉄分、マグネシウムも含みます。

パセリ
ビタミンAやカルシウムが豊富。自家栽培も容易な野菜です。

ブロッコリー
生のままか、さっとゆでて与えます。

豆苗
ビタミン、ミネラルがたっぷりです。

ニンジン
ポリポリと噛みごたえもあり、栄養価も高い野菜です。

大葉
家でも簡単に栽培できます。好き嫌いがありますが、独特な香りが大好きなインコもいます。

カボチャ
黄色い実の部分を切って与えます。種は炒るとおやつになります。

POINT

野菜が苦手なインコには、人間が食べるのを見せびらかせてみましょう。興味をもち、まねをして一緒に食べてくれる効果があります。

与えてはいけない野菜・フルーツ

アボカド

鳥には猛毒ですから、絶対に与えないでください。

ほうれん草

シュウ酸が有害で、カルシウムの吸収を妨げるといわれます。

ネギ類

中毒を起こすなど、身体に害を与えてしまいます。

ニラ
ネギと同様、中毒を起こすといわれます。

生の豆類

生のままは毒があるのでNG。ゆでればOKです。

カルシウム飼料

ボレー粉

カキの殻を焼いたもの。カルシウムやヨードが豊富に含まれています。よく水で洗い、電子レンジで加熱して、殺菌してから与えましょう。

カトルボーン
イカの甲を乾燥させたもので、カルシウムが豊富です。水で洗い、電子レンジで加熱してから使いましょう。

おやつ

ヒマワリの種

カボチャの種

ドライフルーツ

塩土

塩分やミネラルの摂取に。必ず電子レンジで4〜5分殺菌して、冷めてから与えます。

与えてはいけないもの

人間の食べるお菓子や食品
ごはん・パン・スナック・ケーキ・チョコレート・麺類など。

37

インコは病気を隠す?!

● 病気で弱っている姿を見せると外敵に狙われるため、インコは本能的に体調が悪くても表に出さないことが多い動物です。

● 日頃からよく観察して、異変がないかチェックしましょう。病気のサインは必ずどこかに出ています。

弱っているところを見せない鳥の習性

　「鳥は病気を隠す」といわれます。小鳥の部類に入るインコにとって自然界は外敵だらけ。弱った姿を見せたら、狙われやすくなってしまうのです。それは本能に刷り込まれたものですから、ケージという安心・安全な環境にあっても、自らの弱みをひた隠しにします。従っていつものように元気に見えても、実は体調不良を起こしているということもあります。本能的に隠しているので、これを見抜くのは大変ですが、インコは体が小さいだけに病気の進行が早く、発見が遅れると命取りになってしまうこともあります。くしゃみや咳をしている、足を少しひきずっている、毛が抜け過ぎている、鳴き声がおかしいなど、サインはどこかに必ず出ています。見落とさないように日常的に入念に観察するようにしてください。

「今日も、いつもと変わらないよ」

「病気でなく、頭を隠してみました…」

毎日の体調チェックを忘れずに ✓

いざという時のために、気軽に相談できるホームドクターを近所に探しておきましょう。病気の早期発見には、年に2回の健康診断をするのが理想的ですが、少なくとも年に1回は受診しておきたいところです。毎日のチェックは下記のポイントを見ておきましょう。

インコの健康チェックリスト

- □ 見 た 目：膨らんでいないか
- □ 　体　 ：震えていないか
- □ 動　　き：活発にしているか
- □ 鳴 き 声：いつもと変わらないか
- □ 食　　餌：食べる量や頻度は変わらないか
- □ 　水　　：しっかりと飲んでいるか
- □ 睡　　眠：いつもと同じか
- □ 寝る姿勢：いつもと変わらないか
- □ 体　　重：いつもと変わらないか
- □ 羽　　毛：ツヤ、脱毛などの異常はないか
- □ 腫れや傷：体にできていないか
- □ 汚　　れ：目や鼻孔、お尻などが汚れていないか
- □ フ　　ン：いつもと変わらないか

38 なるべく規則正しい生活を

- 朝、夕、決まった時間に起きて眠る習慣をつくってあげましょう。規則正しい生活は、病気の予防にもなります。
- 毎日の水替え、食べ物の容器のチェック、掃除も時間を決めておくと、インコの生活にリズムができます。

日照時間は12時間以内に

鳥は、日の出とともに目覚め、日没とともに眠るのが本来の習性。そんな環境をつくってあげるのも飼い主の役目です。中には時間になるとケージに暗幕をかけてあげるものの、テレビはつけっぱなしなんてケースもあるようです。いうまでもなく、それでは意味がありません。ケージは、夜、人気のない静かな環境に置くよう配慮したいところです。

「グゥー、グゥー、静かで暗いからよく眠れる」

また、朝もなるべく自然界に近づけてあげたいものです。インコは起きるとすぐに食べ始めます。食べ終えると遊びたがります。そんなリズムを大切にしてあげれば、ストレス知らずの健康体が維持できるはずです。

 POINT

| 朝〜昼間は | 朝の食餌、水替え、ケージの掃除など、毎日の習慣は、決まった時間にするのが理想的です。 |
| 夜には | 決まった時間になったらケージにカバーをかけ、静かで暗い環境にしてあげましょう。 |

「今日のごはんはちょっと多かったな」

インコの一日の例

AM6:00
起床・食餌

AM7:00
放鳥・遊ぶ
水替え・食べ物の確認・
ケージの掃除

「やった!遊びの時間だ。おもいっきり飛んじゃうぞ」

AM8:00〜11:00
ひとりの時間(午前)

PM15:00〜17:00
放鳥・遊ぶ

PM12:00〜14:00
ひとりの時間(午後)

PM18:00
就寝

- 放鳥は、1日1回以上、できれば午前と午後の2回してあげると喜びます。
- 週末だけたっぷり遊んでしまうと、翌日はなぜ遊んでくれないのかと混乱します。できれば休みの日であっても、規則正しく、いつもどおりの時間だけ遊んであげましょう。
- 散歩や日光浴をするのもいいでしょう。

毎日のお世話

水替え	水入れ容器はヌメリが発生し、水の腐敗の原因になります。毎日洗い、熱湯をかけて殺菌しましょう。
食べ物の用意	食べ物の容器は、たくさん入っているように見えても、シードの殻ばかりということも考えられます。殻はフッと息で吹き飛ばせますから、残っている分量を確認しましょう。食事の入れっぱなしは肥満になりますから、必要量を計って入れてあげましょう。
ケージの敷き紙の交換	羽毛が抜け過ぎていないか、フンの状態や量はいつもどおりかチェックするのを習慣づけましょう。

39 インコは環境にデリケート

- インコは気温に敏感なので温度管理は徹底しましょう。 体調を崩しやすい季節の変わり目には要注意です。
- 天気がいい日は日光浴や散歩をさせましょう。 ストレス解消や健康に効果的です。

温湿度計をこまめにチェックしよう

インコは熱帯地域に生息する鳥ですから暑さに強いと思われがちですが、夏の暑い日にエアコンもつけずに放っておくと熱中症にかかる恐れがあります。室温は30度以下にするよう管理してください。ただし、エアコンの冷気を直接当ててはいけません。いうまでもなく、室温が低くなる冬はいっそうの注意が必要で、できれば20度前後が適温といわれますが、温度はあく

「私たち敏感だから、温度管理もお願いね!」

まで目安です。寒くて羽を膨らませていたら、膨らみがなくなるまで温度を上げてください。特に初めて冬を越すインコにはしっかりした保温に気をつかってあげてください。石油やガスヒーターの使用は、臭いに要注意。換気をしっかりとし、新品を使う場合は、最初に有毒ガスが出る場合があるので、あらかじめ鳥がいない部屋で換気をしながら試運転をしてから使ってください。

ヒーターをつける場所には注意

ヒーターは鳥がヤケドをしないようにケージの外側下部に取り付け、温度調整のサーモスタットを設置するなどしてください。部屋を暖めて適温になっても、羽を膨らませるのをやめないのなら、病気の可能性があります。動物病院

で診てもらうといいでしょう。いずれにしろ寒さを訴えているのですから、移動中はケージをタオルで覆って温めてあげましょう。保温ケースを使う場合は、絶対にカイロを中に入れてはいけません。酸欠で死亡するケースもあります。

インコには太陽の光が不可欠

　鳥とはいえ、いつも同じ場所にあるケージに閉じ込めておくのはかわいそうですし、健康上もよくありません。太陽の光を浴びない日が続くとストレスを溜めるだけではなく、体内リズムが乱れ、病気にかかりやすくなります。紫外線をあびることでしか生成されないビタミンD3はカルシウムの吸収を促し、取り入れられないとケガをしやすくなるので気を付けましょ

「外は、気持ちいいよ〜」

う。1日30分から1時間程度、外の景色を見たり、心地よい風を感じさせてあげることが不可欠です。ケージの中に入れたままベランダや庭にいるだけでも気持ちよさそうにしていますが、散歩に連れていくとなお喜びます。ただし暑い日や寒い日はインコに無理をさせることになりますから避けましょう。日差しが強い日はケージの上に新聞紙などを置いて日陰を作ってあげましょう。この時は、必ず飼い主も一緒にそばにいてください。熱中症にならないか気にかけ、カラスやヘビ、猫などの外敵から狙われないように守ってあげてください。

◆体調が悪そうな時には

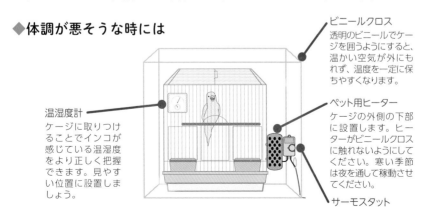

ビニールクロス
透明のビニールでケージを囲うようにすると、温かい空気が外にもれず、温度を一定に保ちやすくなります。

温湿度計
ケージに取りつけることでインコが感じている温湿度をより正しく把握できます。見やすい位置に設置しましょう。

ペット用ヒーター
ケージの外側の下部に設置します。ヒーターがビニールクロスに触れないようにしてください。寒い季節は夜を通して稼動させてください。

サーモスタット

40

もしかしたら病気かも？

● 体調を崩すと、なんらかのサインを発信するはずです。それを見逃さない ためにも日頃の観察が欠かせません。

人間のように体調管理をしよう

野生に近いとはいえ、家で飼わ れている以上、人間と同じような 健康管理が必要です。例えば、室 内の最低温度と最高温度の差が大 きいと体調不良を起こしてしまう場 合があります。環境を変える時に も徐々に慣らしていくようにしてく ださい。

病気が進むと、止まり木に止まるのもつらそうな ので、飼育ケースに引っ越し

これが当てはまったら要注意

◆寝ている時間が長くなった

さまざまな病気の疑いがあります。体調 不良の初期症状というケースが多いの で、このサインは早期発見にもつながり ます。決して軽視しないでください。

◆生あくびをする

食餌に潜んでいた菌が繁殖し、口腔やそ 嚢内で炎症を起こしているかもしれませ ん。新鮮な食餌がなによりの予防法にな ります。

あまり元気がない様子で、飼い主 も心配

4章 食事と健康

◆飲み食いの量が減った

食欲がない時は重度の病気かもしれません。早めに診察してもらってください。

◆口のまわりが汚れている

嘔吐（おうと）をしていたら消化器疾患や中毒の可能性が高いです。

◆止まり木に乗らない

バランスを保てないのはケガや衰弱状態であることが考えられます。

◆羽毛が多量に抜ける

毛引きの可能性もありますが、ウイルス疾患や臓器疾患になっている心配があります。

◆目のまわりが腫れている

涙と赤い腫れの有無を確認してください。
眼病にかかっていたり呼吸器が炎症を起こしているかもしれません。

◆フンが異常である

フンの量や状態はインコの体調を知る上で有効な情報源です。
正常なフンは固体で濃緑色や茶色です。水分が多かったり、色に変化があったら、内臓か消化器系に問題があるかもしれません。

\Check!/ こんなサインにも要注意!! ✓

□ 体重に変化があった

□ 飲水量に変化があった

□ お腹が膨らんでいる

□ 震えている

□ おとなしくなった

□ 鳴き方が変わった
　（弱々しい鳴き声になった）

□ 食べ物の嗜好が変わった

□ 食欲がない

41

インコに起こりやすい問題・肥満について知っておこう

● インコの体重と、その鳥種の適正体重をご存じでしょうか?一般的に適正体重を 20% オーバーすると肥満症に分類され、ダイエットが必要となります。

鳥　　　種	平均体重	肥満体重
セキセイインコ	30〜35g	42g以上
文鳥	22〜25g	30g以上
ボタンインコ	42〜50g	60g以上
コザクラインコ	45〜55g	66g以上
オカメインコ	80〜90g	108g以上

数値はあくまでも目安のもので、個体差もあります。

　一般家庭で飼育されているインコの多くが、肥満症だといわれています。肥満によって、更に脂肪肝、高脂血症や動脈硬化、糖尿病などのいわゆる生活習慣病がインコにも起こります。

肥満の原因

その① 運動不足

　野生では一日で何キロもの移動を行いますが、飼育鳥はケージの中で一日の大半を過ごしています。そして、肥満になると更に動かなくなるという悪循環が起こります。

その② 栄養不足

　シード、特にむき餌だけだとインコの体に必要とされるビタミンやミネラル、必須アミノ酸が不足がちになります。特に換羽や産卵で蛋白要求量が増える

時期に食餌の中の蛋白質・必須アミノ酸が不足すると、それを補うために食餌を過剰に摂取するため肥満になってしまいます。

　また、食餌の中のヨード不足により甲状腺機能低下症が起こります。甲状腺ホルモンは代謝率を上げるので、不足するとこれも肥満の原因になります。

その③ 高脂肪食

　ヒマワリ、麻の実、サフラワーなどをインコは好んで食べますが、非常に脂肪分の多い食餌です。小型の鳥のミックスシードには多く入っていることもあるので注意しましょう。

その④ 過食

　雌に多く見られる現象ですが、発情すると産卵のため、食餌の摂取量が多くなります。とりわけ、飼育下では持続的に発情することで食が増し、肥満となるケースも少なくありません。

粟穂大好物だけど、食べすぎないようにね

42

万全ですか？夏の暑さ対策

● 夏の暑さ対策は人間同様インコにとってもとても大切な課題です。 夏休みなど何日も家を空けるとなると、 愛鳥も一緒に連れ出すことになりますよね。 「暑い、寒い」 と言えないインコの様子をこまめにチェックするようにしてください。

夏の暑さ対策や、お出かけする際には以下のことをしっかり守りましょう。

水分を取らせましょう！

人間同様水分補給は欠かせません。 常に水がある状態を心がけましょう。 また、夏場は水が傷みやすいので、 こまめに交換することも重要です。 水とは別にコマツナやキュウリなどの水分が多い野菜を与えることもオススメです。 こちらも傷みやすいので注意です。

水浴びは必ず必要なもの？

暑がっているなら水浴びをさせなくては、 と思われる方もいるかもしれませんが、 水浴びは「生活に絶対必要なもの」という訳ではありません。 確かに水浴びは、 羽の状態を良くしたりする効果はありますが、 飼い鳥の中には、 一生水浴びをしないインコもいます。

インコが水浴びをしたいという時、 例えば水の流れる音を聞いてソワソワしたりすることがあります。 そうしたサインがあった際に、 霧吹きで水をかけてあげたり、 水浴び用の容器を置いてあげましょう。 どうしても浴びたい時は水入れに頭を突っ込むこともあります。 基本的には鳥がしたい時に行えば良いとし、 無理強いはしないようにしましょう。

お出かけの際の注意点

お出かけの際も暑さに注意が必要です。移動時のインコは落ち着かず、興奮しやすい環境となり熱が上がりやすくなります。特にアクリルなどのキャリーは熱がこもりやすい物です。暑さでキャリー内に熱がこもらないよう、車で移動する際はエアコンをつけて涼しくしましょう。た

暑いのはにがてなんだ

だし、エアコンの風がインコに直接あたらないように気を付けてください。

移動中は水こぼれしたりすることも多いので、水分の多い野菜も一緒に与えておくと良いでしょう。また、外での移動の際は冷やしたペットボトルをキャリーの側へつけたり、中へ入れておくと効果的です。

あーすずしい！！

43

インコの保温について

● 熱帯の地域にいる種類も多く、寒さに弱いインコも多くいます。私たちが具合が悪い時に「暖かくして寝ること」と言われるように、インコにも病気の際の保温は絶対必要なことになります。投薬しているインコには、体が温まっているほうが薬の効きがいいといったこともあるようです。

鳥が寒がっているって何でわかるの？

→インコたちの仕草でわかります。

　インコを2羽飼っている場合、片方のインコにとっては適温であり、片方のインコは寒いと感じていることもあります。

　本来であれば、寒がっているインコだけを温めたいのでケージを分けるのがお勧めです。片方が寒がっていないので、「そんなに寒くないんだからほおっておこう」というのは禁物です。

顔を背中に埋める姿(背眠)をしつづけるようなら体調が悪い疑いがあります。

　膨らんでいるインコを見つけたら、まず膨らみが取れるまで温めましょう。他のインコにとっては寒くなくても、その子にとっては温度が足りていないのです。また、自分が寒くないから温度は十分足りているという判断をする人もいますが、体感温度は人と鳥で違いますし、体調によっても適温は変わってきます。

　あくまで、インコの体のサイン(膨らむ、足が冷たくなる、顔を背中にうずめる等)と温度で判断しましょう。

何度まで温めたら保温は足りているの？

→膨らみが取れるまで。

僕は寒さに弱いんだよ

　温度はあくまで目安です。寒さを防ぐための膨らみが取れるまで保温をして、初めて保温が十分といえます。過保護に育てる必要はありませんし、少し膨らんだからといって即時、具合が悪いということでは必ずしもありませんが、室温だけではなく、インコの様子と相談して保温を検討してあげてください。

　膨らみが取れるまで温度を上げますが、上げすぎるとインコも熱中症になることがあります。目安として33℃以内で膨らみが取れない場合は、早めに動物病院へ行かれることをお勧めします。

　※膨らむ理由の中には、痛みから来る場合や寒がる原因が病気によるものの場合もあります。心配な場合は医師の診断をお勧めします。

保温器具のお勧めは？

→当団体では床暖房とオイルヒーターを使用しています。

　下の表で、簡単に保温器具のご紹介をしますので参考にしてみてください。
※実際のご自宅の室温と、保温器具の性能にも左右されますので使用の際はお気をつけください。

	ヒヨコ電球	オイルヒーター（人用）	エアコン	遠赤外式パネルヒーター
保温範囲	保温器具の周りのみ	ケージの周りのみ	部屋全体	保温器具の周りのみ
効果	寒くなったら鳥が自身で選択し、自分で器具に近づくことができる	サーモスタッド内蔵なので暑くなり過ぎを防止できる	空間全体が温まり、自動調整ができるので温度変化を少なくできる。寒がる鳥にとって保温が弱い場合、ヒヨコ電球などと併用する場合が多い	鳥の体の中から温めるので空気を温めすぎず空気の汚れが少ない
特徴	小さく温度が上がりやすい。ケージ内で温度の勾配がつけやすい	空気を汚さず狭い部屋全体を暖める時に便利。電気代が高め	火事などの心配が少ない。温度調整が容易。風は出るので、鳥に対し直撃は避けて使用。30度以上を出すのは困難。電気代が高め	空気を温めるものと違い、単体で病気の鳥の保温などは難しい（温まりにくい）

保温をする時の注意点は？

→火事、温度差、過保護に注意。

火　事：保温器具(ヒヨコ電球など)は熱源になっています。温める時に布などに触れていないか、インコが水浴びをして保温器具に水が飛ばないか、などに注意する必要があります。

温度差：暑すぎも寒すぎもインコには負担ですが、具合が悪く膨らんでいるインコについては、1日の中に温度差があることが良くないといわれています。一番寒い時間帯(朝方など)に膨らまない工夫をしてあげてください。そのためには、温度管理用に保温器具とは別にサーモスタッドの使用をお勧めします。

※湯たんぽやホカロンの長時間使用は徐々に温度が下がるので、お勧めしません。

過保護：病気のインコには、薬の効き目を良くして、これ以上病気が悪化しないためにも保温をしっかりしましょう。しかし、元気なインコのいる空間の温度を常に一定にして、季節感のない過保護な暮らしをさせることは、発情を促したりの問題につながります。保温が必要かどうか迷う時には医師に相談し、しっかり見極めましょう。

ちょっと寒いな！！

5章

インコと暮らす
事故を防ぐ・老いてきたら

44

こんなしぐさは、
こんな意味

● インコは全身でいろいろな気持ちを表します。 しぐさや声、 目の様子など
を見れば、 今、 どんな気分なのかがわかります。

インコのしぐさから気持ちを知ろう

ご機嫌な時

首を上下に振ったり、楽しそうに
おしゃべりしたり、歌を歌ったり
している時はうれしくて機嫌がい
い時です。

遊んでほしい時

止まり木の上を行ったり来た
りしながらソワソワしている
時は、ケージから出たい、遊
んでほしいという合図です。

近づいてきてコクリと頭を下
げてみたり、なでずにいると
「まだ?」と下から見上げたり
します。その時は、頭や耳の
あたりをなでてあげましょう。

インコが何かを見つめる時は、
片目の方がよく見えるようで
す。ですから、首をかしげて
片目で見ているのは、興味を
もった対象をよく観察してい
るのです。

のんびりと毛づくろいしてい
たら、安心している時です。
羽毛を膨らませている場合も
あります。

羽を膨らませてフーッと息を
吐くのは、怒っている時です。
鋭い目を向け、舌が見えるほ
ど、大きく開いた口を相手に
向けます。

45

インコが発情している時

● 発情が続くと、インコの体に負担がかかり、病気の原因になります。発情を誘引する理由は、いくつかありますから、インコの様子からどれが該当するか確認してみましょう。

発情が続くことが病気の原因に

つがいになっているインコが互いに発情するだけでなく、好きになった飼い主に対して発情することもあります。インコと飼い主の心が通っている時ほど、発情しやすくなるといわれています。

発情が続くと、体の負担が増し、体力を消耗します。メスは、産卵が止まらなくなり、卵を産み

「ラブラブだから邪魔しないでほしいな」

続けます。その結果、さまざまな病気を発症します。オスにとっても発情し過ぎるのはよくないことで、セキセイインコでは精巣ガンになるリスクが高まりますから、発情が長く続くようなら誘発する要因を取り除いてあげましょう。

POINT

インコの発情を誘発する要因

● 温度が高い
温度が高いことも発情の要因として考えられます。もともとインコは寒い時期にはあまり繁殖しません。しかし、室内にいるインコは、冬場も暖房によって暖かい環境にいるため、発情が助長されます。寒がらない、暑がらない程度で四季を感じさせる温度調節を心掛けると改善していきます。

明かりのついている時間が長い

発情を助長する要因としてまずあげられるのは、昼の時間が長いことです。つまり、明かりがついている時間が長いとインコの活動時間が長くなり、脳の中で発情を誘発する物質の分泌が増え、助長されます。特にセキセイインコやオカメインコは、光周期の影響を受けやすい種類です。対応策として、部屋の明かりがついていても、夜になったらケージに布をかけて暗くし、インコが眠れるようにしてあげましょう。

ケージに巣箱が入っている

繁殖期以外にケージの中に巣箱があると、発情を誘発することがあります。また、おもちゃやエサ入れ、隙間などを巣に見立てて、発情することもあります。

安心できる環境にいる

野生の状態と違って人間と暮らすインコは、快適な環境の中、食べ物にも困らず外敵を恐れる心配もいりません。安心できる環境にいることで、発情しやすくなります。

高カロリーの食事が多い

食餌の中に、カナリーシード、サフラワー、ヒマワリの種などの高カロリーが多く含まれていると発情を促します。しかもインコはこれらの高カロリーのシードが大好きです。高カロリーのシードはごほうびのときに与えたり、体調を崩し、食欲が落ちたときに与えてください。

POINT

発情を抑制するには？

発情をコントロールするには、これらの方法以外に、カップルのインコなら一時的にケージを別々にしましょう。飼い主に対して発情する場合は、インコがさみしがらない程度に接触を減らしましょう。どうしても発情が止まらない場合は、鳥を診られる動物病院で診察してもらいましょう。

「なでなですると、発情しやすくなるんだよ」

46

オカメパニックになった時

- インコの中でも特に臆病なオカメインコは、物音や地震でパニックを起こすことがあります。
- オカメパニックになったら、ゆっくりと近づき、やさしく声をかけて落ち着かせてあげましょう。

5章 インコと暮らす 事故を防ぐ・老いてきたら

臆病な性格がパニックを引き起こす

オカメインコは非常に臆病なため、普段耳慣れない物音にパニックを起こしてバタバタとケージ内で暴れることがあります。これを愛鳥家の方は「オカメパニック」と呼びます。この状態に陥るとケージに羽を当ててケガをしたり、ケージの網目にひっかけて骨折したり、時には死んでしまうこともあります。

パニックを起こす理由

危険を感じたオカメインコは、空に飛び立って逃げようとします。そのため、寝ている時、物音などに驚いて目を覚ましたオカメインコは、自分がケージの中にいるのを忘れ、翼や顔面をケージに当て、その挙げ句、パニックに陥るといわれています。複数羽飼っているケースでは、一羽がパニックになると、ほかのオカメインコも連鎖反応を起こします。

パニックを起こすのは若いオカメインコが多く、年を取るにつれ減っていき

「2羽一緒だから、暴れたら大変だよ」

ます。同じような状況を何度か経験するうちに、驚いてパニックを起こすほどのことではないことを学習するからです。

インコがパニックになったら、いきなり部屋に駆け込んだりせず、ゆっくりと静かに近づきましょう。慌てて電気をつけると、かえってパニックを助

「普段はこんなに落ち着いてるよ」

長させてしまうので、「大丈夫だからね。安心していいんだよ」とやさしく声をかけて、落ち着くのを待ちましょう。

 POINT

パニックによるケガの防止法

ケージの中にぶら下げるタイプのおもちゃはケガの元になるので入れるのを避けましょう。翼を広げても余裕があるくらい大きなケージで飼育するのも一つの手です。また、複数羽を同じケージに入れず、一羽一羽個別に分けると安心です。

「ん？なに？似てる？」

Column

ほとんどすべてのインコ、オウムは臆病です。その中でオカメインコが特に臆病といわれています。そのためパニックに陥るのはオカメインコだけではありません。また、ヨウムやコンゴウインコのような一見強そうに見えるインコでもパニックになります。

47
どうしても手放さなければ ならない時

● 飼い主が変わるのは、インコにとっていわば第二の人生。どんな性格のインコなのかわかるよう、ことこまかい履歴書があると次の飼い主も育てやすいですし、インコにとっても幸せなはずです。できればインコを飼ったことがあり、正しいトレーニング方法を知っている人が好ましいところです。

まずは、知り合いに声をかけよう

生活環境の変化や家族の都合で、インコを手放さなければならないこともあります。例えば、子どもの咳が止まらなくなった原因が鳥アレルギーだと判明した、あるいは、転勤、結婚と手放す経緯は多岐にわたります。

そんなことを想定した備えも必要です。中にはインコを飼いたいという知人が現れることもあるでしょう。また、インコを飼ったことがあるという友人に恵まれることもあるかもしれません。しかし、同じ種類のインコとはいえ、性格は十人十色です。譲り渡す前に十分に理解してもらえる履歴書があるといいでしょう。特に注意したいのが、「インコも犬や猫と同じでしょ」なんていう安易な考えです。やはり、インコを飼ったことがある、あるいはインコを飼うことで積極的に理解を深めようという姿勢のある人がいいでしょう。

里親探しサイトや愛護団体も視野に入れよう

身近で里親が見つからない場合には、インターネットの里親探しサイトを覗いてみると理想的な里親が見つかりやすいものです。サイトを利用しているのは、インコをこよなく愛する人たち。実に心強いものです。鳥の愛護団体に引き取ってもらうケースもあります。その際は、信頼できる団体か評判を聞くなど、慎重に調べてから相談を持ちかけましょう。

絶対にやってはいけないのが、野に放すことです。飼われていたインコは

自然の中では生きられません。残念ながらこういう無責任なことをする人が後を絶たず、一部のインコが野生化して、公園などに群れとなってすみつき、生態系を壊す原因になっているという報告があります。やむにやまれぬ理由で手放すことになっても、最後まで責任をもって、インコができるだけよい条件で生きていけるように動いてあげてください。

POINT
新しい飼い主が決まったら、伝えたいこと

手放されたインコを引き取り、里親を探す活動をしている団体「TSUBASA」では、元飼い主にその鳥の性格や特性、経歴を知るための80以上の質問に答えてもらっています。トラブルなく育てられるよう次の飼い主への情報提供という意味合いだけでなく、手放すことがとても大変であることを伝えるという側面もあります。飼う前に生涯お世話する覚悟をしてほしいと願います。

元飼い主への質問例

- そのインコの性格、性質
- 好きな食べ物、嫌いな食べ物
- どんなことをされるのが好きか、嫌いか
- 好きな遊び
- 好きなおもちゃ
- 健康状態
- お医者さんは苦手か
- 人見知りかどうか

最後まで責任をもって飼ってほしい。それが私たちのお願いです。

48

老いてきたら…

- 老年のインコは見た目が若くても、 内臓や目が衰えていることが多いものです。 健康管理には気を付けてあげましょう。
- 日常に支障がでるほど弱ってきたら、 ケージの中の物の配置をインコにとって使いやすくしましょう。

健康なら、老いても若々しい

　セキセイインコの寿命は約7〜8年、ボタンインコやコザクラインコは約10年、オカメインコは約12〜15年程度といわれています。これはあくまで目安で、長生きするインコの中にはこの倍以上生きるケースもあります。

　老鳥になっても、人間のように見た目では判別できず、むしろ健康な鳥は老いを感じさせないほど若々しい姿をしています。しかし、内臓が弱っていたり、目の衰えなど見えないところにはガタがきていることが多いようです。老化によって、白内障なども発症したりします。

「もう10歳。老化でクチバシが変色してきたから、病院に連れて行ってもらったんだ」

いたわりの気持ちで接して

　運動能力は著しく下がることもなく、病気にでもならなければ普段どおりの生活をしています。もっとも、昔は元気に部屋を飛び回っていたのが、さっさと自分からケージに

「もうすぐ20歳。年を取るにつれて、顔が鮮やかな黄色に変色してきたよ」

戻ったり、居眠りが増えたり、反応がにぶくなったりします。

　このような生理現象はあるものの、鳥にも心があるからといって、人間のように年老いたことを自覚して気落ちしたり、病気になって先のことを不安に思ったりすることはないようです。ありのままの状態で生きていくという本能が鳥にはあります。ただ、以前のようにほかのインコや人間と行動をともにできないことにストレスを感じることはあるでしょう。それだけにどこか老いを感じたら、いたわりの心をいっそう働かせてほしいものです。

普段の生活ができなくなったら

　老いや病気などで、日常生活ができなくなったインコの生活環境は、暮らしやすい配慮が不可欠です。食べ物や水は取りやすいか、見直してみてください。握力が弱くなっていますから、止まり木につかまるのがままならなくなっていることがあります。そんな傾向があるようでしたら、止まり木を2本並べて布を巻いたり、板などを用いて、つかまらなくてもいいようにすると、楽に止まれるようになります。

「こんなに元気なら、心配ないよね」

　インコは本能で安全のため高い場所に行こうとしますが、老化で止まり木から落ちてしまったり、登ることで体力を使い切ってしまいます。それでも、インコの足の構造は止まり木を楽につかまえられるようにできています。まだ、止まり木につかまれるうちは、止まり木のままにしておき、高さを調節するなど様子を見るといいでしょう。ただ、新しい

「まだまだ、足腰しっかりしてるよ」

環境に順応できずストレスになってしまうこともあるので、大きく環境を変えるのは避けたいところです。

49

インコと散歩に行こう

● 散歩が好きなインコも嫌いなインコもいます。 無理はさせずに、 家の庭から始めて、 近所、 公園と少しずつ慣れさせていきましょう。

● リードやハーネスを嫌がるインコもいます。 「試してみて、 大丈夫だったらやってみる」 くらいの気持ちで、 チャレンジしてみるのがいいでしょう。

外出するのも好き嫌いがある

　インコとの散歩も楽しいものです。 リードをつけて、 飼い主の手に乗ったまま風を感じているインコや、 キャリーの中から珍しそうに外を覗いている姿を見かけると、 わが家のインコもと思うのももっともです。 しかし、 中には外に出るのを怖がる臆病なタイプのインコもいます。 家から出

「お花見、 うれしいね〜。 きれいだね〜」

たとたんに、 そわそわと落ち着きがなくなったり、 大声を上げるようなら、 その場は散歩をあきらめるしかありません。 中には、 少しずつ訓練することで散歩できるようになることもありますが、 必ずしもそうなるとは限りません。

まずは近所に出掛けてみよう

　まずは近所の公園や家のまわりをひと回りしてみましょう。 暑過ぎたり、 寒過ぎる日は避け、 インコにとっても気持ちよい陽気の日に出かけて、 外の環境に慣れさせていきましょう。 徐々に距離を延ばしていくのがよいようです。

　インコの散歩は、 キャリーに入れたままの散歩と、 ハーネスやリードをつけてキャリーから出してする散歩の2つの方法があります。 ハーネスやリード、

フライングスーツは、まだ日本ではポピュラーではありませんが、大型種に主に使われ、飛んでいかないように装着するひものことです。個体によってはこれを嫌がり、ストレスの原因ともなってしまいます。試してダメならやめたほうがいいでしょう。

「お散歩、嫌いじゃないよ」

キャリーに入れてのお散歩なら、公園の日当たりのいい場所などにキャリーを置いて、のんびりと日向(ひなた)ぼっこさせるといいでしょう。喜ぶ姿を見て、ケージから出してやりたい衝動に駆られることもありますが、どんなに飼い主に懐いていたとしても、絶対にキャリーから出さないようにしてください。

ハーネスやリードは、インコの体への負担を考えて、できれば出先で着けたいところですが、落ち着いて装着できない場合は、自宅で着けるのが無難です。

外出先ではインコを自分が守る気持ちで

外に連れ出したからには、インコを絶対に守るという気概で気を抜かないでください。犬や猫、カラス、とんびなどの外敵がいつ襲い掛かってくるかわかりません。指に乗せたインコが一瞬の隙にカラスに攻撃されたケースもあります。

「車で移動中。ワクワク」

ハーネスを用いて公園などで遊ばせる場合、インコが不用意にそばにある植物をついばんだり、拾い食いをするのにも気を付けましょう。農薬汚染や中毒を起こす植物をついばんだら一大事です。また、野鳥のフンに触れると病気の感染の恐れもあります。

行き帰りに車を使う時には、必ずキャリーに入れて移動しましょう。車内で放し飼いにすると、お尻で踏みつけたり、窓から飛んでいったり、思わぬ事故を招きかねません。

50

悲しい事故を減らすために

● 事故を防ぐには、インコがどこで何をしているか、常に確認しておくことが大切です。

● 飼い主を信頼しているからこそ、インコは警戒せずに、近づいてきます。そんな時に多くの事故は起こりやすいので、気を付けましょう。

インコの飼い主への信頼が事故を招く

　インコを部屋の中で放してあげる飼い主は少なくありません。たしかにインコは喜びますが、思わぬ事故を招くこともあります。例えば、テーブルに置きっぱなしにしていたワイングラスに頭から落ちてしまった、外出する時、後追いしてきたのに気づかず、戸を閉めて挟んでしまった、

「触ったら危ないよ。気を付けて」

料理中、肩に乗っていたインコが揚げ油の中に落ちてしまった、じゅうたんの上にいるのに気が付かず、掃除機で吸ってしまったなど数多くの事故が起こっています。インコは、飼い主を信頼しているため、警戒することなく、体にまとわりついたり、飛んで追いかけてきます。そんなインコの行動を見落としたために、多くの事故が起こっているようです。

　事故を防ぐのに一番大切なのは、飼い主がインコの様子を常に気にし、どこにいて何をしているか確認することです。母親が幼子から目を離さないように、インコも常に危険と背中合わせだということを自覚して、注意を払ってください。

「わあっ！大丈夫？」

食べてはいけない食べ物に注意

野菜の中にはインコにとっては有害なものがあります。ネギ類、ニラ、芽キャベツ、アボカド、生の豆類、リンゴの種などは、中毒や下痢、嘔吐などを起こすため与えてはいけません。ほうれん草はシュウ酸が有害だといわれてきましたが、アメリカでは最近少量でしたら与えているそうです。いずれにしてもこれから与えてよいのかどうか迷う食べ物もでてくるでしょう。その時は「疑わしきは与えない」というスタンスを基本にしておきましょう。

「これは食べても大丈夫だよね？」

51

室内は危険がいっぱい

● 人間にとっては無害でも、インコにとっては危険なものがたくさんあります。覚えておきましょう。

● 危ないものは、触れられないようにガードをつけたり、しまっておきましょう。

思わぬ事故を招くもの

インコのケガや死亡事故を防ぐために、身近にある危険なものを覚えておきましょう。

126

①花・観葉植物	インコに有害な花や観葉植物を覚えておきましょう。スズラン、チューリップ、アイビー、シクラメン、ポトス、水仙、オモト、エニシダなどは、食べると中毒を起こしますので、インコのそばに置くのはやめましょう。
②医薬品	人間が服用する薬をうっかりテーブルに置いておいたら、ついばんでしまったという事故もよく見聞きします。薬の取り扱いは慎重に行ってください。
③暖房器具	高熱になる部分がむき出しになっているストーブやヒーターは危険です。部屋にインコを放している時には、スイッチを切るようにするか、インコが近づけないように工夫しましょう。
④鉛製品	カーテンやアクセサリーなど、鉛製品を使っていることがよくあります。うっかりインコがのみ込んでしまうと中毒になり、時には死亡することもあります。部屋に危険を招くものがないかチェックしてみましょう。
⑤洗剤や化粧品・タバコ	セキセイインコは噛んだりなめたりするのが好きで、袋をかじって中のものをついばむことがあります。食べ物ならまだしも、洗剤や化粧品はインコにとって有害になることもあります。タバコも有害です。
⑥布類	タオルや布などにインコの爪がひっかかった時、慌てて近づくとインコが驚き、暴れてケガをすることがあります。そんな時にはインコの様子をうかがい、静かに近づき取ってあげましょう。また、布や毛布にインコが潜っているのに気づかず、人が踏んだり、乗ってしまい大怪我をすることがありますので、インコの姿が見えない時には居場所をしっかり確認しましょう。
⑦水槽	インコが誤って飛び込んでしまうことがあります。熱帯魚の水槽や金魚鉢には必ずふたをしておきましょう。
⑧窓ガラス	インコが飛び回っている時、透明のガラスに向かって激突して、脳しんとうを起こすこともあります。レースのカーテンなどを掛けておくといいでしょう。
⑨アイロンや炊飯器	見落としがちなものの一つに炊飯器があります。蒸気に触れてヤケドするという悲劇は後を絶ちません。その他、アイロンやドライヤーなど熱を発生する家電にも注意しましょう。
⑩料理中の鍋	料理をしている時、飼い主の手元に興味を持って、鍋に飛び込むことがあります。
⑪犬や猫などほかの動物	仲良くなるケースもありますが、ふとした拍子に噛みつくこともありますから、一緒にしないほうが無難です。
テフロンのフライパン	新品のテフロンのフライパンを熱した時に発生するガスで中毒死することがあります。
扇風機	好奇心が旺盛なインコは、動いている扇風機に興味を持ち、近づいて足を挟んでしまうことがあります。網目状の扇風機カバーをつけると安心ですが、できればインコを放している間はスイッチを切るくらいの心遣いはしたいところです。

52

逃がしてしまった時に
できること

すぐにインコを追いかけて、名前を呼ぼう

　部屋に放し慣れたとしても、窓が
ちょっとでも開いていたら、外に飛んで
いってしまうかもしれません。また、食
事をあげる時や、掃除の時に起こってし
まったケースがたくさんあります。

　そんな時は、すぐに名前を呼びながら
追いかけてください。飼い主の声に気づ
いて近くの場所に止まり、羽を休めるこ
ともありますし、見慣れぬ景色に不安に
なりかけたところで、飼い主の声が聞こ
え、戻ってくることもあります。

「本当はこんなに、飛べるんだよ！」

　よくあるのが、吊っていたケージが落
ちて扉が開いてしまったり、なにかに驚
いて飛び出したケースです。気が動転し
てより遠くまで行ってしまうようです。

　追いかけて、インコの姿を見つけた時
には、落ち着いて、いつも通りに指や腕
を差し出してください。「絶対に捕まえな

「初めて見る雪…。外に出てみたい…」

きゃ！」と焦った様子を見せると、インコが飼い主の異変に気づき、近づいて
こないこともあります。指や腕に乗ってきたら慌てず、いつものやさしい声を
かけながら手を差し出しましょう。

　人間との生活に慣れたインコが、外界で生きていくのは至難のワザです。
家族がいれば、一致団結して徹底して探してあげてください。

 **POINT**

インコを探す方法

- 所轄の警察署に「遺失物届」を出す
- 保健所に連絡する
- 近くの動物愛護センターに連絡する
- インターネットの迷子検索願いを出す
- 近所の動物病院に連絡する
- ペットショップ、小鳥屋さんに連絡する
- インコに関心のある人が多く集まる場所(カフェ、サークルの事務所、バードランの会場)にチラシを貼らせていただく
- 町内会の掲示板に貼り紙をお願いする(電柱への貼り紙は違法になるのでやめましょう)

肩乗せは迷子にさせちゃうよ

出入口はしっかり閉めようね

◎チラシに掲載したいこと

　インコの写真と特徴、インコの名前、飼い主の連絡先、足環の有無(ただし刻印されている文字は記入しないでください。後で照合する時に重要になります)を忘れずに記入します。連絡先を切り取れるようにするのもいいでしょう。

　無事発見された場合は、チラシを貼らせていただいたところにお知らせし、お礼をしましょう。

53

インコを引きこもりに
させないために

● 好奇心を刺激する生活は、インコの脳を活性化し、心の病気を防ぎます。
マンネリ化した生活にならないように、外に散歩に行ったり、いろいろな
人やよそのインコにも会わせてあげましょう。

退屈な生活をさせないように

　一日中ケージの中で過ごす飼い鳥は、す
ることもなく退屈するばかりです。慣れてき
たら、部屋の中に放ってあげるといいでしょ
う。しかし、それもいつも同じ部屋ではや
がて飽きてしまいます。インコの心を強く
し、環境の変化に耐えられるようにするに
は、いつもと違う部屋で放鳥させてみたり、
インコを散歩に連れていったり、ほかのイン
コと遊ばせたり、新鮮味のある体験をさせ
ることも必要です。初めてのものを見たり
聞いたりする中で、インコの脳はフル回転
し、それがストレス解消にもつながります。
外出など、初めての体験は緊張し、不安を
抱くインコもいます。そんな様子を見せたら
やさしく目を見て声をかけ、安心させてあ
げましょう。

「いろんなところで遊ぶと刺激的だよ」

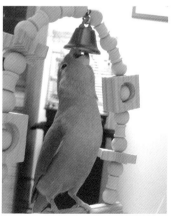
「ついつい夢中になっちゃう」

心の病気を防ぐには

| 新鮮な体験 | ▶ | 脳がフル回転 | ▶ | ストレス解消 |

インコに新しい体験をさせるには

◆室内で遊ぶ
・いつもとは別の部屋で遊ばせる。
・別の部屋にケージごと移動させる。
・いつもとは違う場所で水浴びさせる。
・窓際で日光浴させ、外の景色を見せる。

◆外へ出かける
・キャリーケージに入れて近所を散歩する。

◆初めて会う人と遊ぶ
・いろんな人と遊べるように馴らす。
　＊馴れている特定の人以外を怖がるインコもいるので注意しましょう。

◆よそのインコと遊ぶ
・インコが集まるサロンやバードランなどで、仲間のインコと遊ばせる。
　＊大きなインコが小さな鳥を噛んだりしないよう注意しましょう。
　＊体調不良の時は、ほかのインコへの迷惑になるので避けましょう。

「一人でも、おもちゃがあれば退屈しないよ」

54 迎える時の心構え

- かわいいからといって、衝動買いをするのは絶対に避けましょう。
- インコを飼う前に、この先、10年、20年、ずっとお世話できるか よく考え、家族とも話し合った上で、慎重に検討しましょう。

衝動買いは絶対にしないで！

ペットショップでかわいいヒナに一目ぼれして衝動的に買い求めてしまう人がいます。ところが、家族に猛反対されたり、鳥嫌いの家族に迷惑がられたり、鳴き声がうるさくて近所迷惑になったりして、あえなく手放すことにというケースが後を絶ちません。かわいそうなのは人間の都合を押し付けられたインコで

「私たちの将来のこと、ちゃんと考えてね」

す。インコだけに限らず、生き物を飼うには大きな責任が伴うということを忘れてはなりません。まず、肝に銘じてほしいのが、そのインコとこの先10年、20年、一緒に過ごす覚悟が決まっているか否かです。10年後、20年後、あなたはいくつになっているのでしょうか？そんなことも考えておかなければなりません。インコは「永遠の2歳児」といわれるように、いつまでも大人にならない子どもを一人養育すると考えてもいいくらいです。毎日、愛情をもって接し、食餌の世話をして、遊んで。さらに、掃除など衛生や安全の管理にまで気を配らなければなりません。同居している家族の生活も一変します。

インコを飼いたいと思ったら、まずは飼育本を読んで最低限なにを用意する必要があるかをしっかり調べ、今の住環境や生活サイクルでも飼えるかどうか、慎重に検討してください。もちろん家族との話し合いも必要ですし、近くの動物病院やペットショップに話を聞きにいくくらいの準備は必要でしょう。

また、鳥を飼っている知人がいるようでしたら、一度家にお邪魔して、その様子を見せてもらうと、鳥のいる生活がイメージしやすいはずです。

飼う前のチェックポイント ✓

\Check!/

- □ **家族の同意**：みんなが理解を示しているか、鳥アレルギーの家族はいないか

- □ **住　環　境**：鳥を飼うスペースはあるか、ペット飼育禁止のアパート・マンションではないか、鳥の声が近所迷惑にならないか

- □ **費　　　用**：飼育費が準備できるか
  *１年に１〜２回、鳥が診られる獣医による健康診断の受診が望ましい。もし病気が見つかり治療が必要になった場合は、保険がきかないため、治療費が全額実費負担となる。(一部、保険会社もある)

- □ **生　　　活**：転勤、引っ越し、海外渡航、長期外泊などはないか
  *迎えたい種類のインコはどんな鳴き方で声の大きさはどのくらいか、実際に声を聞いて体験しておくことをおすすめします。

「ずっと大事にしてね。約束だよ」

「種類によって育て方が違うから、勉強もしてね」

55 インコとの上手な暮らし方 〜飼い主からのアドバイス

インコとの生活を楽しむために

　インコとの生活は楽しいだけでなく、世話をする上で大変なこともたくさんあります。ここでは実際に飼っている方の経験談をご紹介します。

「家の中の危険なことは徹底排除」

　うちのヨウムは、とにかく家にあるものをかじって、壊してしまいます。絶対に注意が必要なのは、感電の恐れがある電気系のコード。頑丈なカバーをつけるか、コードレスにすると安心です。掃除機のホースもかじられますから、納戸などに収納し、使用する時には近づけないようにしましょう。また、財布から保険証やクレジットカードを抜き出してかじって遊んだりもします。とにかく危険なもの、大事なものは

「噛み噛み、大好き！」

しっかり管理することです。もっとも、あれもダメ、これもダメでは、インコがかわいそうです。たわいもないイタズラは大目に見てあげましょう。

「鳥の専門病院が少ないのが難点」

　犬や猫の病院はたくさんあっても、鳥をきちんと診られる病院は意外に少ないものです。あらかじめ、専門病院がどこにあるかも調べておきましょう。中には、隣県まで連れて行くというケースもあります。

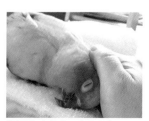

「体調にも気をつかってね…」

「よかれと思ったことも違ったり…」

　インコは家族や恋人と同じです。時には、よかれと思ったことがインコの気持ちと噛み合わなかったりもします。そこで大事なのが、個性や性格を理解してあげることです。「一人、扶養家族が増えた」という気概がインコとの暮らしでは必要です。

「気持ちをわかってほしいんだ」

「寄り添うような気持ちが大事です」

　霊長類ばかりが賢い動物のようにいわれますが、インコもとても賢い動物です。実際、理解してあげれば、飼い主のことも理解してくれたりします。ただし、幼児のようにか弱い生き物ですから、やさしく接し、じっくり根気を持って行いましょう。

「病気になった時は、看病してね」

「病気についての知識が不可欠」

　鳥類は、表情もなければ、言葉もありませんから、体調不良を発見しにくいものです。どんな病でどんな症状があらわれるのか、本や専門的なホームページなどでしっかり学習しておきましょう。

「家族の一員なんだよ！」

56 インコといい関係を築くコツ

● インコと気持ちが通じ合う「素敵な関係」を築くためには、根気よくつきあうことが大切です。手間がかかることもありますが、その先には、喜びが溢れるインコとの楽しい毎日が待っています。

インコと暮らす上での

10か条

1. 個性を理解し、認めてあげること
2. 一貫性ある態度をとること
3. よく話しかけること
4. 根気よく付き合うこと
5. よく観察すること

6. ほめて育てること
7. 適度な緊張感を与えること
8. 健康に気を付けてあげること
9. 多方面からの知識を身につけること
10. 愛してあげること

仲良くなるスピードもそれぞれ

「インコを飼ったら手乗りにして、毎日楽しく触れ合いたい」。そんな夢を膨らませるのも理解できますが、それは自分の子どもに成績が良くて、スポーツもできて親孝行してほしいと求めているのと同じです。インコの中には、人に触られるのが苦手だったり、ワガママな性格の持ち主もいて、思い通りにはいかないことが多くあります。中には、2年近くも頭をなでさせてくれなかったケースもあります。それでも、インコに責任はありません。それが個性と理解して、気長に付き合うことです。そんなこともインコとの楽しい暮らしというくらいのおおらかさで接してください。

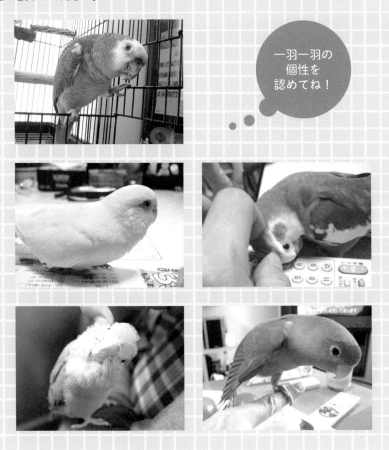

一羽一羽の
個性を
認めてね！

57 老鳥とのセカンドバードライフ

● 私たち人間同様インコの寿命も年々伸びてきています。 そうしたことからインコの老後対策も欠かせません。 これまでできたことができなくなったりしますので注意が必要となってきます。

　近ごろ、鳥専門の病院が増えていたり、鳥を飼育する上での知識や技術などが昔に比べ、格段に良くなってきています。

　また、飼育をする側の意識の変化もあり、飼い鳥の寿命が少しずつ伸びてきています。それはとても良いことではありますが、インコが長生きしてくれる分、老いていくインコのお世話をしっかりとしてあげなければなりません。

　インコも人と一緒で、齢を取るごとに身体のあちこちにさまざまな問題が起こり始めるため、インコ一羽一羽の「老い」に合わせたさまざまな管理が必要になってきます。

　若い頃と同じ飼育方法のままでは身体がついていかず、ケガをしてしまうことがあったり、ご飯を食べられなくなってしまうなんてこともあります。そのため、その子の衰え（体調）に合わせながら環境を変えていかなければなりません。今回は、そんな老鳥と暮らしていくためのヒントになるようなお話をしていきたいと思います。

鳥の「老い」に気付くためには…毎日の健康チェックが大切

　インコの「老い」に気付くためには毎日の健康チェックがとても大切です。健康チェックを毎日していると老いだけではなくちょっとした異常にも気付くことができるので、できる限り健康チェックをするように心がけましょう。

POINT

日頃の観察が大事！
観察しているとわかる「老い」の2パターン

行動からわかる「老い」

インコは齢を取るにつれて、筋力の低下など身体の老化により、寝ている時間が増えてきたり、あまり飛ばなくなったりと普段の行動が少しずつ減少していきます。下記に当てはまるものがあるインコは老化のサインかも？

老化からくる行動の変化（一例）
- うまく飛べなくなる、高いところまで飛べなくなる。
- 眠っている時間が増えてきた。
- 食欲が減ってきている。
- あまり動きたがらなくなる。
- 足の力が弱くなり、止まり木にうまく止まっていられなくなる。
- 動きが鈍くなる。

見た目からわかる「老い」

インコは見た目だけで年齢を判断することは非常に難しいですが、若い頃から毎日の健康チェックで外見を観察していればちょっとした変化を見つけることができます。身体の異常を見つけるためにも日頃からしっかりと観察しましょう。

老化からくる外見の変化（一例）
- 目が見えにくくなる、あるいは見えなくなる。
- 換羽のペースが乱れ、長引くようになる。
- 羽艶が悪くなる。
- 足の握る力が弱くなる。
- 爪やくちばしが伸びやすくなったり、変形したりする。
- 関節が曲がりづらくなる、もしくは曲がらなくなる。
- 足の表面が硬く、カサカサになる。

※これらの症状が老いからくるものなのか、体調不良からくるものなのかの判断は　獣医さんがするものなので、様子がおかしい場合は、まず病院に行きましょう。

58 インコとのお別れの時には

● 多くのインコの寿命は人間より短いものですから、いつかお別れがくることをあらかじめ、覚悟しておかなければなりません。あまり考えたくないですが、どうしたら心残りの少ないお別れができるかといったことも日頃から考えておくといいでしょう。

自分とインコの老後を考える

鳥の中でもインコは寿命が長く、オカメインコは、30年も珍しくないといいます。それだけの歳月をともにすれば、永遠の別れのさみしさはひとしおですし、深く愛した分つらさがつのります。一日でも長くというのは、誰しもの願いです。10歳を過ぎたら、体調の管理にはよりいっそうの注意を払ってあげてください。

「お別れはつらいけどね…」

一方でご高齢の方は、最後までインコの面倒をみられるか、気がかりなところでしょう。おばあちゃんが入院してからは、インコがほかの家族には懐かず、やむなく手放さなくてはならなくなったというケースもあります。少なくとも、この先10年のことは考えておきたいところです。

どんな風に最期を見送りたいか、考えておこう

多くの飼い主は、自分が最期を見送りたいと思っています。しかし、そうはいかない場合もあります。最良の治療を受けさせようと動物病院に入院させたところ、そのまま死を迎えたり、自宅療養で面倒みていたのに、出掛けている間に息を引き取ってしまったりと、死に目に会えないこともあります。その場合、多くの飼い主はショックを受けますが、事前に準備しておけば、手

を打てたこともあるはずです。例えば、容態が変わったら獣医師に連絡をもらう約束をする、家族に容態を見てもらい、急変したら連絡をもらうなど、自分はどんな選択をして、インコと自分にとって一番幸せな最期を迎えたいかといったことも考えておきましょう。

納得のいく弔い方法を選ぼう

　亡くなったインコを自宅の庭に埋める時には、カラスや猫に掘り起こされないように、できれば穴は30〜50センチの深さは必要です。マンションやアパートなら、使っていないプランターや鉢植えに埋めてあげるのもいい方法です。難しければペットショップや動物の火葬業者、自治体などに相談すると、火葬にしてもらえます。業者の中には、移動火葬車を手配してくれるところもありますから、問い合わせてみてはいかがでしょうか。

　亡くなったインコも飼い主がいつまでも悲しんでいるより、前向きに幸せでいてくれたほうがうれしいのではないでしょうか。思い切り泣いても、気持ちが癒えない時には、思いを共有できる人と話したりするといいでしょう。楽しかった日々のひとコマをアルバムにしたりしておくと心安らぐと思います。

Column

悲しみがなかなか消えない時には

家族同然に暮らしてきたインコの死は、文字どおり家族の一員を亡くすのと同じくらい悲しいものです。喪失感から、不眠、過食、頭痛などの身体的な不調を訴える人もいます。こんな時は、悲しみを共有できる家族、友人、知人が心の支えとなってくれるものです。しかし、中には仲間にも恵まれず、いつまでも悲しみを引きずる人もいます。そこで、おすすめしたいのが、インコ愛好家との横のつながりです。気持ちを理解し合えますし、感情も和らぎます。

「君のこと、ずっと大切にするよ」

インコのきもち Q & A

Q インコの睡眠ですがどれくらいの時間がいいのでしょうか？
我が家では仕事の関係で帰宅が遅く、だいたい22時過ぎに寝かせ、朝は7時ごろが起床時間です。食欲もありますし、元気そうに見えますが、睡眠時間が足りているかどうか心配です。

A 　起きている時間が長いと発情を促します。そのため12時間くらい寝かせたほうがいいといわれています。ご質問の方同様、お仕事の関係で難しい飼い主さんも多いでしょう。しかし帰宅が遅い場合、お家には誰もいない時間にインコは寝ていると思いますのでそれほど心配する必要はありません。
　連続して眠れる時間が確保できなくても、合計時間で睡眠時間を確保してあげてくださいね。

Q 老鳥になり、少しずつ目が見えなくなったようです。どのようにお世話をすればいいですか？

A 　今まで見えていたものが、見えなくなってくるのは飼い主さんも辛いと思います。大事なことは生活空間であるケージ内のレイアウトを変えないことです。いつも同じ場所に、同じ食器やおもちゃを置くようにしましょう。
　止まり木は万が一落下しても衝撃が少ないように、低い位置にセットしたほうがいいですよ。

Q コロナ禍でインコの感染症が心配になりました。感染症から守るためにはどうしたらいいですか？

A 　インコにも感染症がいろいろあります。まずはインコを診ることができる動物病院で感染症の検査をすることをお勧めします。発症してからだと治療方法がなく、生命を脅かす怖い感染症もあります。
　また、インコを迎える時は予め動物病院を予約し、家に連れてくる前に感染症の検査を兼ねた健康診断を受診されることを強くお勧めします。

Q 一羽では寂しそうだったので、同じ種類のインコをお迎えしました。しかし、残念ながら仲良くせず時々ケンカをします。どうしたらいいでしょうか？

A 　　鳥同士の相性もありますので同じ種類、あるいは違う種類でも仲良くなったり、悪かったりするものです。
　　先住の鳥が飼い主に懐いている場合などは仲良くすることが難しいかもしれません。また、鳥同士が仲良くなると、今度は飼い主に対して距離を置くインコもいます。
　もしインコ同士が流血を伴うケンカをした場合は、ケージも放鳥も別々にしたほうがいいでしょう。ただ、群れで暮らす鳥なので、仲良くならなくても、仲間がいるということで一人ぼっちの時よりは安心感があると思います。

Q 長寿のインコを飼うにはどんなことに気をつけたらいいですか？

A 　　インコ、オウム類は他の鳥種に比べると長生きだと思います。
　　しかも鳥を診る獣医師も増えてきましたし、食事や環境そして情報も増えてきました。これからもさらに平均寿命が伸びると思います。
　ではどんなことに気をつければいいのでしょうか。
　重要なことは、鳥も人も寿命にかかわらず、いつどこで何があるかわかりません。地震や災害そしてコロナのような感染症、そして飼い主さんの病気や事故など。
　もし飼い主さんに何かがあると、鳥さんにも大きな影響を与えてしまいます。
　そのために日頃からもしもの時のことを想定したほうがいいと思います。
　例えば、インコのプロフィール、食事内容、病歴、好きなこと、嫌いなことなどを書き留めておくとよいでしょう。
　そして、もしもの時に誰に（どこに）インコを引き継ぐかなどを定期的に見直し、更新しておくことをお勧めします。
　終生飼養ができれば一番理想的ですが、もし難しい場合は、「次の人」に命のバトンのリレーをするつもりで世話をしてください。

[監修者プロフィール]

松本 壮志（まつもと　そうし）

1996 年にコンパニオンバード用品専門店 CAP!（キャップ）、2000 年に TSUBASA（ツバサ）を設立。現在は認定 NPO 法人 TSUBASA 代表理事。飼えなくなったインコやオウムなどを引き取り、里親を探す活動をはじめ、愛鳥家に向けたシンポジウムやセミナーなどを行う。著書に『鳥のきもち 鳥と本音で通じあえる本』（WAVE 出版）、『鳥のはなし』（WAVE 出版）、『鳥と私の幸せ物語』（WAVE 出版）、監修に『インコ 長く、楽しく飼うための本』（池田書店）がある。

[編集・執筆・制作]
インパクト
〒 101-0061　東京都千代田区神田三崎町 3-2-17 小澤ビル 5F
TEL：03-3239-1981　FAX：03-5276-1646
http://impact86.com/
本文執筆／久保範明　深澤廣和　葛西由恵

[デザイン]
プッシュ
〒 101-0054 東京都千代田区神田錦町 1-21 宗保第 1 ビル 3F
TEL：03-3259-7527　FAX：03-3259-7529

写真協力：しーさん、Kazu、コンパニオンバード用品専門店 CAP！（キャップ）、
とり村メルマガ読者の愛鳥家のみなさん、鳥爺ブログ読者の愛鳥家のみなさん

必ず知っておきたい　インコのきもち　増補改訂版
幸せな関係を築く58のポイント

2023年5月30日　第1版・第1刷発行

監　修　松本　壮志（まつもと　そうし）
発行者　株式会社メイツユニバーサルコンテンツ
　　　　代表者　大羽 孝志
　　　　〒102-0093 東京都千代田区平河町一丁目1－8
印　刷　株式会社厚徳社

◎「メイツ出版」は当社の商標です。

ご意見・ご感想はホームページから承っております
ウェブサイト https://www.mates-publishing.co.jp/

編集長：堀明研斗　企画担当：折居かおる

※本書は 2019 年 2 月発行の「必ず知っておきたいインコのきもち幸せな関係を築く 50 のポイント」を元に内容を確認し加筆・修正をしたほか、項目の追加および再編集をし、書名・装丁を変更して発行しています。